化学工程案例分析
——广西典型化工过程

秦祖赠　编著

化学工业出版社

·北京·

内容简介

《化学工程案例分析——广西典型化工过程》旨在为化工专业本科生、研究生和行业相关工程技术人员开拓思维、大胆创新，以及学习淀粉加工、制糖、锰矿加工、肉桂油生产和合成氨等化工过程的新系统、新技术、新工艺和新设备等提供学习素材和分析方法；旨在增加各类工程技术人员的间接工程经验，提升相关工程技术人员多方案比较的能力；旨在把典型的化工过程特别是精细化工过程，从早期的规划、设计及设备、设施开发应用，到施工及运行管理等各个阶段，提高到一个新的高度，从而参与建设、建立出技术更加优选、经济更加合理且安全可靠的化工工程。

本书可为相关行业提供案例支撑，供相关工程技术人员参考，也可作为化学工程与工艺本科生及化学工程与技术、材料与化工硕士生的选修教材。

图书在版编目（CIP）数据

化学工程案例分析：广西典型化工过程／秦祖赠编著． — 北京：化学工业出版社，2024.4． — ISBN 978-7-122-45000-5

Ⅰ. TQ02

中国国家版本馆 CIP 数据核字第 20253XV592 号

责任编辑：李　琰　　　　文字编辑：杨玉倩
责任校对：王　静　　　　装帧设计：韩　飞

出版发行：化学工业出版社
　　　　　（北京市东城区青年湖南街 13 号　邮政编码 100011）
印　　装：大厂回族自治县聚鑫印刷有限责任公司
787mm×1092mm　1/16　印张 10　字数 225 千字
2025 年 5 月北京第 1 版第 1 次印刷

购书咨询：010-64518888　　　售后服务：010-64518899
网　　址：http://www.cip.com.cn
凡购买本书，如有缺损质量问题，本社销售中心负责调换。

定　　价：48.00 元

前 言

本书根据化学工程的特点，收集了广西五个典型的化学工程案例，包括木薯变性淀粉加工、蔗糖及蔗糖脂肪酸酯制备工艺、硫酸锰生产中的节能集成技术应用、肉桂油及其衍生物的综合利用及合成氨典型生产工艺等。这些案例各具特色，代表了化工过程尤其是精细化工过程的发展趋势和前沿。

木薯是三大薯类作物之一，高产不占口粮，第1章研究了非粮木薯的化学加工，探讨了木薯淀粉生产工艺中的原料处理、筛分、精制、脱水及干燥等环节，以及木薯变性淀粉的变性原理、方法、生产工艺，并分析了预糊化淀粉、糊精、酸变性淀粉、交联淀粉、酯化淀粉、醚化淀粉等种类及其性能特点。第2章主要围绕广西特色支柱产业蔗糖及其衍生物蔗糖脂肪酸酯的生产展开论述，从制糖发展历史，以及蔗糖及蔗糖脂肪酸酯的应用现状、原料来源、工艺流程进行简介，然后重点论述蔗糖脂肪酸酯的原料来源、生产工艺、产品性质、合成方法及分离分析方法。硫酸锰是重要的锰基化工产品，广西的硫酸锰产业在全国占有重要的地位，然而传统的硫酸锰生产过程能耗高、污染大，对传统敞开式蒸发工艺进行综合节能改造是硫酸锰厂提质降耗的主要途径，第3章主要针对硫酸锰的溶解度随温度升高而降低的逆溶解度现象，提出了多效蒸发耦合MVR技术的节能改造方案。第4章根据近年来肉桂产业的发展现状，通过案例介绍肉桂油的生产工艺，以及肉桂油衍生物的合成原理、合成工艺、工业过程的优化，并介绍了肉桂油及其衍生物在各个领域的综合利用情况；最后，对目前肉桂油产业的发展现状及存在的问题进行了总结和展望。我国是农业大国，保证化肥产品的供应，是实现各类粮食增产、经济作物高产和农民收入增加的主要保障。在所有化肥产品中，氮肥需求量大，是目前化肥市场的主导产品，而氨则是氮肥合成中的主要原料来源，控制氨的生产成本是降低氮肥价格的重要手段。第5章结合合成氨工业的发展现状，讲述合成氨生产工艺，具体包含合成氨的概述、合成气的制备（煤法和天然气法）、合成气的净化（脱硫、变换和脱碳）和氨的合成四个部分。

本书由广西大学秦祖赠教授编著并审阅全书，第1章由潘远凤教授编著，第2章由谢新玲教授编著，第3章由李立硕副教授编著，第4章由苏通明副教授、秦祖赠教授编著，第5章由赵钟兴教授编著；陈柳云博士，石海翔、覃享铃、杨欣、张应娟、顾炯辉、朱澍程熹、叶芝琴、徐美景、申蒙蒙、冯雨杉等研究生也为本书中案例的资料收集、作图等做了大量的工作。书中引用了部分学者的研究成果，在此一并感谢。

由于作者水平有限，书中难免存在疏漏或不足之处，敬请广大读者批评指正（E-mail：qinzuzeng@gxu.edu.cn）。

编　者
2024 年 9 月

目 录

第 1 章　木薯变性淀粉加工技术 ——————————————— 1

　1.1　概述 ——————————————————————— 1

　1.2　木薯淀粉生产工艺 ——————————————————— 2

　　　1.2.1　原料选择 ———————————————————— 2

　　　1.2.2　原料输送及清洗去皮 ——————————————— 2

　　　1.2.3　碎解 —————————————————————— 3

　　　1.2.4　筛分 —————————————————————— 3

　　　1.2.5　精制 —————————————————————— 3

　　　1.2.6　脱水和干燥 ——————————————————— 4

　1.3　木薯变性淀粉 ————————————————————— 5

　　　1.3.1　淀粉变性的目的 ————————————————— 6

　　　1.3.2　淀粉变性的原理 ————————————————— 6

　　　1.3.3　淀粉变性的方法 ————————————————— 6

　　　1.3.4　变性淀粉的生产工艺 ——————————————— 7

　　　1.3.5　变性淀粉的种类及其生产方法、性质、

　　　　　　应用 —————————————————————— 9

　参考文献 —————————————————————————— 30

第 2 章　蔗糖及蔗糖脂肪酸酯制备工艺学 ————————— 33

　2.1　制糖发展历史 ————————————————————— 33

　2.2　蔗糖、蔗糖脂肪酸酯的应用及广西蔗糖现状分析 ————— 34

　　　2.2.1　蔗糖的应用 ——————————————————— 34

　　　2.2.2　蔗糖脂肪酸酯的应用 ——————————————— 35

　　　2.2.3　广西蔗糖及蔗糖脂肪酸酯的现状分析 ——————— 36

　2.3　蔗糖的生产 —————————————————————— 37

　　　2.3.1　原料来源 ———————————————————— 37

2.3.2 生产工艺流程 —————————————————— 37

2.4 蔗糖脂肪酸酯的生产 —————————————————— 47

　　2.4.1 原料来源 —————————————————————— 48

　　2.4.2 蔗糖脂肪酸酯的性质 ————————————————— 49

　　2.4.3 蔗糖脂肪酸酯的合成及生产工艺流程 ——————————— 50

　　2.4.4 蔗糖脂肪酸多酯的分离、纯化和回收 ————————————— 58

　　2.4.5 蔗糖脂肪酸酯的分离 ————————————————————— 60

参考文献 ——————————————————————————————— 62

第3章 硫酸锰生产中的节能集成技术应用 ———————————— 65

3.1 工业硫酸锰生产概况 ——————————————————————— 65

　　3.1.1 硫酸锰概况 ————————————————————————— 65

　　3.1.2 硫酸锰的生产方法 ————————————————————— 68

　　3.1.3 蒸汽机械再压缩（MVR）技术的国内外发展

　　　　　现状与趋势 ———————————————————————— 70

3.2 案例过程分析 ——————————————————————————— 73

　　3.2.1 传统硫酸锰厂的蒸发结晶工艺 ——————————————— 73

　　3.2.2 改造案例工艺方案分析 ——————————————————— 74

　　3.2.3 硫酸锰多效蒸发中试试验 ————————————————— 77

　　3.2.4 硫酸锰多效蒸发计算机模拟计算 —————————————— 83

3.3 硫酸锰多效蒸发预浓缩技术改造工程实施方案 ———————————— 84

　　3.3.1 硫酸锰多效蒸发预浓缩-结晶一体化改造

　　　　　工艺方案 ————————————————————————— 85

　　3.3.2 硫酸锰多效蒸发-结晶系统生产过程概述 —————————— 85

　　3.3.3 硫酸锰多效蒸发系统技改工艺计算 ————————————— 86

3.4 经济性分析 ———————————————————————————— 88

3.5 实施效果 ————————————————————————————— 89

参考文献 ——————————————————————————————— 91

第4章 肉桂油及其衍生物的综合利用 ———————————————— 92

4.1 肉桂油简介 ———————————————————————————— 92

4.2 肉桂油生产工艺 —————————————————————————— 92

　　4.2.1 水蒸气蒸馏法 ——————————————————————— 93

　　4.2.2 分子蒸馏法 ————————————————————————— 96

4.2.3 溶剂萃取法 —————————— 97

4.2.4 亚临界萃取法 —————————— 98

4.3 肉桂油的应用 —————————— 99

4.3.1 肉桂油在香精香料方面的应用 —————— 99

4.3.2 肉桂油在日用化学品方面的应用 —————— 100

4.3.3 肉桂油在食品添加剂方面的应用 —————— 101

4.3.4 肉桂油在饲料方面的应用 ———————— 101

4.3.5 肉桂油在医药合成方面的应用 —————— 102

4.3.6 肉桂油在化学工业方面的应用 —————— 103

4.4 肉桂油衍生物的合成工艺、功效及应用 ——— 104

4.4.1 苯甲醛 —————————— 104

4.4.2 肉桂醇与苯丙醇 ———————— 108

4.4.3 肉桂酸 —————————— 113

4.5 肉桂油产业现状、存在问题以及发展趋势与对策 ——— 116

4.5.1 产业现状 —————————— 116

4.5.2 存在问题 —————————— 116

4.5.3 发展趋势与对策 ———————— 117

参考文献 —————————————— 118

第5章 合成氨典型的生产工艺 ——————— **121**

5.1 合成氨的概述 —————————— 121

5.1.1 氨的定义及发现 ———————— 121

5.1.2 合成氨的重要性及其工业的发展 ————— 122

5.1.3 中国合成氨工业的发展史 ——————— 123

5.2 合成气的制备 —————————— 123

5.2.1 合成氨生产总流程 ———————— 124

5.2.2 煤法制合成气 ————————— 125

5.2.3 天然气法制合成气 ———————— 128

5.3 合成气的净化 —————————— 134

5.3.1 合成气中硫化物的脱除与回收 —————— 134

5.3.2 一氧化碳的变换 ———————— 137

5.3.3 合成气中二氧化碳的脱除 ——————— 143

5.4 氨的合成 —————————————— 145

5.4.1 氨合成的基本反应原理 ——————— 145

5.4.2 氨合成催化剂 ————————— 145

5.4.3　氨合成反应的动力学 ………………………………… 146

5.4.4　氨合成工艺条件的选择 ……………………………… 147

5.4.5　氨合成塔 …………………………………………… 148

5.4.6　氨合成工艺流程 ……………………………………… 150

5.4.7　氨合成技术发展的趋势 ………………………………… 151

参考文献 ……………………………………………………… 152

第1章

木薯变性淀粉加工技术

1.1 概述

薯类品种较多，其中马铃薯、木薯和甘薯并称为世界三大薯类作物，是适应力很强的高产作物。木薯原产自南美洲，19世纪初传入我国，在广东和广西的栽种面积最大，福建和台湾次之，云南、贵州、四川、湖南、江西等省亦有少量栽种，广泛用于食品、医药、饲料、造纸、化工等行业，主要产品包括木薯淀粉、变性淀粉、食用酒精、燃料乙醇、淀粉糖、酶制剂、有机化工产品等，是一个庞大的产品群[1-25]。

木薯富含淀粉，享有"地下粮仓"的美誉，木薯淀粉在淀粉产品中占有重要地位，在世界淀粉总产量中约占8%[2]。木薯淀粉与其他淀粉相比，具有蛋白质含量低、支链淀粉含量高、聚合度高、糊化温度低、糊液透明度高、成膜性好、渗透性强等先天性的优点（表1-1）[3]。

表1-1 木薯淀粉、马铃薯淀粉、玉米淀粉的品质比较

项目	木薯淀粉	马铃薯淀粉	玉米淀粉
直链淀粉含量/%	17	22	27
支链淀粉含量/%	83	78	73
淀粉颗粒大小/μm	5~35	10~25	5~25
糊化温度范围/℃	52~64	63~72	62~67
直链淀粉聚合度（DP）	2600	4000	800
支链淀粉平均链长度	23	27	25
长轴长度（平均长度）/μm	5~35(25)	15~120(50)	5~30(15)
颗粒整齐度	不整齐	不太整齐	整齐
颗粒形态	圆形、卵形、截切形	多面体形、菱形	圆形、多角形
颗粒粒心	有偏光十字	有相当明显的黑色十字	有偏光十字
淀粉的可能晶形	C形+A形	B形	A形

1.2 木薯淀粉生产工艺

木薯淀粉是含淀粉物质丰富的木薯块根，经过物理加工提取后脱水干燥而成的粉末，在生产变性淀粉等方面具有独特的性能，同时它在许多方面可代替马铃薯淀粉使用，因此木薯淀粉具有独立的市场空间。

木薯淀粉生产一般以鲜薯和木薯干片为原料，两者的工艺过程略有不同。以鲜薯为原料的生产工艺过程如图 1-1 所示。

图 1-1 鲜薯为原料生产木薯淀粉的工艺

以木薯干片为原料的生产工艺过程如图 1-2 所示。

图 1-2 木薯干片为原料生产木薯淀粉的工艺

1.2.1 原料选择

木薯是灌木多年生植物，其产量和块根的大小随品种不同差异很大。木薯的块根由外皮层、内皮层、肉质和薯心四部分组成，淀粉主要储藏于肉质部分，少量储藏于内皮层。外皮层包括木栓细胞层和木栓形成层，占块根重的 0.5%～2%，在加工中可被清洗除去；内皮层由栓内层和初皮组成，占块根重的 8%～15%，其质地坚硬，不易加工，但含有 10%的淀粉，所以大型企业多保留此层，与中心部分一同用于提取淀粉。

木薯块根的化学成分因品种、土壤、气候以及根的年龄而异，木薯化学成分的含量平均值见表 1-2。生长期低于 10 个月的嫩根淀粉含量低，超过 24 个月的老根木质化程度高，难以加工，因此适宜收获的生长期为 12～20 个月。

表 1-2 鲜薯和木薯干片主要化学成分的含量平均值

指标	鲜薯	木薯干片
淀粉含量/%	25.00	67.00
水分含量/%	64.70	13.73
灰分含量/%	0.63	2.46
脂肪含量/%	0.25	0.82
蛋白质含量/%	1.07	2.56
粗纤维素含量/%	1.11	3.20
淀粉及非氮可溶物含量/%	32.27	76.82

1.2.2 原料输送及清洗去皮

使用集薯机、输送机将木薯输送到清洗机，在输送过程中要特别注意防止铁块、铁钉、石头、木块等杂物混入。清洗机为桨叶式清洗机。

鲜薯由加料口进入清洗机一端，桨叶式清洗机采用逆流洗涤的原理，通过电机带动桨叶不停地转动，鲜薯不断向前翻动，与轴上螺旋桨相互摩擦、碰撞，木薯与木薯间也会发生碰撞，经淋洗、锉磨、清洗、去皮，将木薯块根的泥土、沙石、薯皮等去掉，清洗的杂物从清洗机的排渣孔排出，经过清洗及部分去皮的木薯从机器的另一端出来送往下一工序。木薯的清洗去皮工段如图 1-3 所示。

图 1-3　木薯的清洗去皮工段

1.2.3　碎解

碎解是木薯淀粉生产的关键工序。碎解的目的是破坏木薯的组织结构，使薯根中的细胞破裂，从而把淀粉从块根中分离出来。常用的碎解设备有锤式粉碎机、刨丝机、棒式粉碎机等，以锤式粉碎机使用最多，该机依靠高速运转，使锤片飞起与锤锷、隔盘、筛板等在机内对连续喂进的木薯进行锤击、锉磨、切割、挤压，从而使木薯碎解，淀粉颗粒不断分离出来。

1.2.4　筛分

经碎解后的稀淀粉原浆需进行筛分，从而使淀粉乳与纤维分开。同时，淀粉乳需精筛除去细渣，纤维需进行洗涤回收淀粉。通过筛分，达到分离、提纯淀粉的目的。磨碎的薯糊可用离心筛、平播筛或曲筛分离粉渣。目前，主要采用 120°压力曲筛及立式离心筛配合使用，以曲筛筛分和洗涤纤维，以立式离心筛精筛除去细渣；普遍采用多次筛分或逆流洗涤工艺。

1.2.5　精制

通过淀粉洗涤去除淀粉乳浆中的蛋白质、脂肪及细纤维等杂质，从而达到淀粉乳洗涤、精制、浓缩的目的。精制加工要尽可能在最短的时间内完成，因为乳浆易发生化学和酶反应，并将在淀粉、蛋白质、脂肪之间产生稳定的络合物。同时细胞液中丰富的营养物质会使微生物很快繁殖，使细胞液发酵产生醇类和丁酸等物质，上述变化会影响到淀粉产品的色泽等品质。目前普遍采用高速离心机快速完成淀粉洗涤、浓缩等精制任务；根据水、淀粉、黄浆蛋白的密度不同，采用碟片分离机进行分离。

1.2.6 脱水和干燥

经分离工序的浓乳浆仍含有大量水分，因而必须进行脱水，以利干燥。脱水多采用刮刀离心机进行固、液分离，要求脱水后湿淀粉含水率低于38%。然后将湿淀粉输送至气流干燥机中进行干燥，常用脉冲气流干燥机，它采用连续高效的流化态干燥方法，干燥后的产品淀粉含水率小于15%。图1-4是典型的脉冲气流干燥机，图1-5是日加工200t木薯淀粉的典型生产线。

图1-4 脉冲气流干燥机

图1-5 日加工200t木薯淀粉的生产线

1. 3　木薯变性淀粉

　　木薯变性淀粉产品是新一代绿色、环保、可再生的绿色生物基础材料，可在诸多领域替代石油化工产品。由于绿色环保的消费潮流的需要，以及社会对环境保护的日益重视，木薯变性淀粉的应用领域越来越广泛。

　　我国木薯变性淀粉生产开始于 1981 年，木薯变性淀粉是我国变性淀粉工业起步的标志。木薯变性淀粉在业内人士几十年的共同努力下，其产量不断增加、质量不断提高、产品类型逐渐增多、应用领域不断拓展，为提高农产品深加工附加值、促进木薯淀粉深加工、解决"三农"问题作出了一定的贡献。我国木薯变性淀粉的发展可分为 3 个阶段，分别为 20 世纪 80 年代应用于纺织、水产领域的初始阶段，20 世纪 90 年代初期应用于造纸、石油、食品、陶瓷、建材、环保领域的快速发展阶段和 2000 年以来应用于日用品、医药、无纺布、矿业、人造海绵等领域的深度开发阶段。经历这 3 个阶段的发展后，虽然木薯变性淀粉很大程度上满足了各个行业的应用需要，改善了应用领域的工艺过程，降低了应用领域的生产成本，但我国淀粉人均消费仍低于世界人均水平，我国木薯变性淀粉仍有很大的发展空间[1,27-30]。

　　近 7 年来，我国变性淀粉（含木薯变性淀粉）产量年均递增长 13.17％以上。其中，以木薯淀粉为原料生产的木薯变性淀粉占总变性淀粉产量的 50％以上。特别是以木薯淀粉为原料生产的食用变性淀粉系列产品，所占的比例大于 80％（据木薯淀粉生产食用变性淀粉量推算出）[26,27]。图 1-6 是木薯变性淀粉在不同食品中的应用。

图 1-6　木薯变性淀粉在火腿肠（a）、饺子（b）、鱼丸（c）和蚝油（d）中的应用

1.3.1 淀粉变性的目的

天然淀粉已广泛应用于各个工业领域，不同应用领域对淀粉性质的要求不尽相同。随着工业生产技术的发展，以及新产品的不断出现，对淀粉性质的要求越来越高。天然淀粉的可利用性取决于淀粉颗粒的结构和淀粉中直链淀粉和支链淀粉的含量。木薯淀粉颗粒大而松，易让水分子进去；糊化湿度低，黏度峰值高；分子大且直链淀粉少，不易于分子重排；另外含 $0.07\%\sim0.09\%$ 的磷，吸水性强，不易老化。天然淀粉在现代工业中的应用，特别是在广泛采用新工艺、新技术、新设备的情况下的应用是有限的。为此根据淀粉的结构及理化性质开发了淀粉的变性技术，对其进行变性衍生处理，改善原淀粉的高分子属性或增加新的性状，使它们具有比原淀粉更优良的性质，适用于各种不同用途的需要[6,7,31]。

在淀粉固有特性的基础上，为改善淀粉的性能和扩大应用范围，利用物理化学和酶法处理，改变淀粉的天然性质，增加其某些功能性或引进新的特性，使其更适合一定的应用要求。这种经过二次加工且改变了性质的产品统称为变性淀粉。

淀粉变性的目的：一是为了适应各种工业应用的要求，如高温技术（罐头杀菌）要求淀粉高温黏度稳定性好、冷冻食品要求淀粉冻融稳定性好、果冻食品要求透明性和成膜性好等；二是为了开辟淀粉的新用途，扩大应用范围，如淀粉在纺织品中的应用、羟乙基淀粉和羟丙基淀粉代替血浆、高交联淀粉代替外科手套用滑石粉等[28,29]。

以上绝大部分新应用是天然淀粉所不能满足或不能同时满足需要的，因此要变性，且变性的目的主要是改变糊的性质，如糊化温度、热黏度及其稳定性、冻融稳定性、凝胶强度、成膜性、透明性等。

1.3.2 淀粉变性的原理

不管淀粉的精细结构如何，都可以将淀粉看作是脱水葡萄糖单元通过 α-1,4 和 α-1,6 键连接起来的聚合物，只是它们的聚合度以及 α-1,4 和 α-1,6 键的分布状况不同，如图 1-7 所示。淀粉活性位点位于葡萄糖的羟基（—OH）和核苷键（C—O—C）上面，分别发生置换反应和断链反应。淀粉分子中存在着 3 个活性功能基，最活泼的功能基在 C6 位上，两个次要的活性功能基分别在 C2 和 C3 位上。虽然 C6 位的相对活性最高，但是也不能忽视其他两个次要基的活性。乙酰化、黄原酸化和甲基化的研究证明，C2 位上的羟基也是比较活泼的。

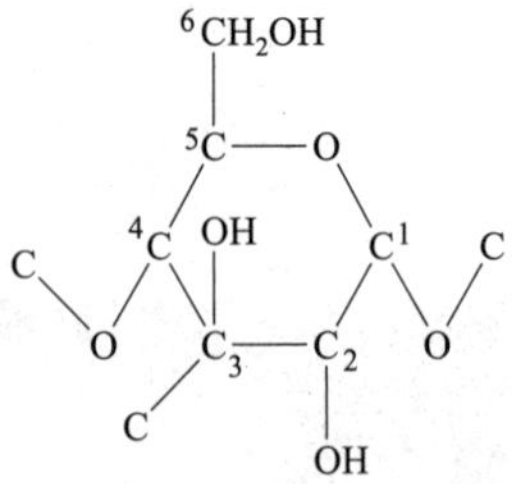

图 1-7 淀粉的结构单元

1.3.3 淀粉变性的方法

淀粉的变性方法主要有三种：物理改性、化学变性、酶或生物转化法。其中化学变性是最主要、应用最广泛的一种变性方法。

淀粉分子中具有许多醇羟基，或与许多化学试剂发生反应，引入各种基团，生成酯和醚衍生物；或与具有多元官能团的化合物反应得到交联淀粉；或与人工合成的高分子单体经接枝反应得共聚物。淀粉分子含有数目众多的羟基，其中只需少数发生化学反应便能改变淀粉的糊化难易、黏度高低、稳定性、成膜性、凝沉性和其他性质，达到应用要求，还能使淀粉具有新的功能团，如带阴或阳电荷。由于所用的化学试剂、反应条件、取代程度和聚合程度不同，所以能制得不同的淀粉衍生产品，以符合各种用途的要求[32]。

化学变性使脱水葡萄糖单元的化学结构发生了变化，这类变性淀粉又称为淀粉衍生物，反应程度用平均每个脱水葡萄糖单元中羟基被取代的数量表示，称为取代度（degree of substitution），常用英文缩写 DS 表示。例如，在乙酰化淀粉中，平均每个脱水葡萄糖单元中若有一个羟基被乙酰基取代，则取代度（DS）为 1；若有两个羟基被乙酰基取代，则取代度为 2。因为脱水葡萄糖单元总共有 3 个羟基，取代度最高为 3。按式（1-1）计算。

$$DS = \frac{162W}{100M - (M-1)W} \tag{1-1}$$

式中，W 为取代基的质量分数，%；M 为取代基的分子量。

工业上生产的重要变性淀粉几乎都是低取代度的产品，取代度一般在 0.2 以下，即平均每 10 个脱水葡萄糖单元有 2 个以下被取代，也就是平均每 30 个羟基中有 2 个以下羟基被取代，反应程度很低。工业生产的也有高取代度的产品，如取代度为 2 或 3 的淀粉醋酸酯，但未能取得很大的发展。这种情况与纤维素不同，工业上生产的醋酸纤维素多为高取代衍生物。

1.3.4　变性淀粉的生产工艺

变性淀粉的生产方法主要有湿法、干法和蒸煮法等，其中最主要的生产方法是湿法。几乎所有的变性淀粉都可以采用湿法生产。采用干法生产的变性淀粉品种虽然远不如湿法多，但由于干法工艺简单、不用水或用水量少、收率高、无污染，是一种很有前途的生产方法。蒸煮法因采用的设备不同，又称热糊法、挤压法和喷射法等，虽然生产品种有限，但就其产量而言也是变性淀粉不可缺少的生产方法。

1.3.4.1　湿法生产

湿法工艺将淀粉分散在水或其他液体介质中，配成一定浓度的悬浮液，在一定的温度条件下与化学试剂进行氧化、酸化、醚化、酯化、交联等改性反应，生成变性淀粉。如果采用的分散介质不是水，而是有机溶剂或含水的混合溶剂时，为了区别又称为溶剂法，其实质与湿法相同。由于有机溶剂的价格昂贵、有易燃易爆危险、回收困难，所以只有生产高取代度、高附加值产品时才使用。该法一般设有有机溶剂回收系统。我国绝大多数变性淀粉生产企业以湿法生产为主，其优点是反应均匀性好、条件温和、安全性高、产品纯度高、设备简单、生产控制容易。2012 年，我国全年以木薯淀粉（含鲜木薯淀粉浆）为原料，采用湿法生产木薯变性淀粉生产线的产能总计达 135 万 t。湿法生产产能最大的地区是广西。但湿法生产也存在不少弊端，如反应时间长、反应转化率低、生产成本高、耗水量大、废水含盐量高等，且后处理时会有大量的未反应的试剂和淀粉流失，不仅降低反应效率，而且造成严重的废水污染问题。

变性淀粉的品种不同、生产规模不同、生产设备不同，其工艺流程也有较大区别。生产规模越大，生产品种越多，自动化水平越高，则工艺流程越复杂，反之则可以不同程度地简化。一般来说，湿法生产工艺包括四大主要环节：①原淀粉的计量和调浆；②淀粉的变性；③洗涤和脱水；④干燥、筛分和包装。有些变性淀粉加工企业在此基础上又加入了原淀粉预处理环节，进一步完善了控制质量稳定的工艺体系。湿法生产变性淀粉的工艺流程如图 1-8 所示，湿法生产变性淀粉的装置流程如图 1-9 和图 1-10 所示。

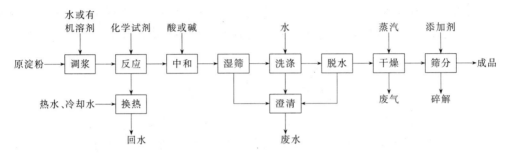

图 1-8　湿法生产变性淀粉的工艺流程

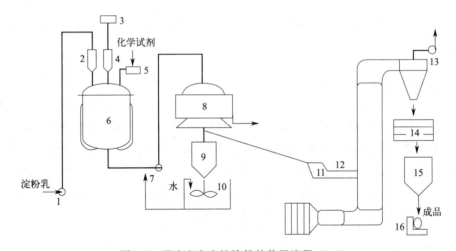

图 1-9　湿法生产变性淀粉的装置流程（一）

1，7—泵；2，4—计量器；3—高位槽；5—计量秤；6—反应罐；8—自动卸料离心机；9，10—洗涤罐；
11—螺旋输送机；12—风机；13—气流干燥器；14—成品筛；15—储罐；16—包装机

1.3.4.2　干法生产

我国绝大多数的变性淀粉生产企业虽以湿法生产为主，但湿法生产也有明显的缺陷，即产品的收率低、生产用水量大、污水需处理，因而成本高。在国外，干法生产已成为生产变性淀粉的主要方法。干法生产变性淀粉一般在淀粉含水量少的情况下，将反应试剂喷到淀粉上，经充分混合后，在一定条件下反应并得到干燥产品，具有生产工艺简单、反应时间短、转化率高、收率高、能耗低、生产成本低、环境污染小的优点，符合绿色变性淀

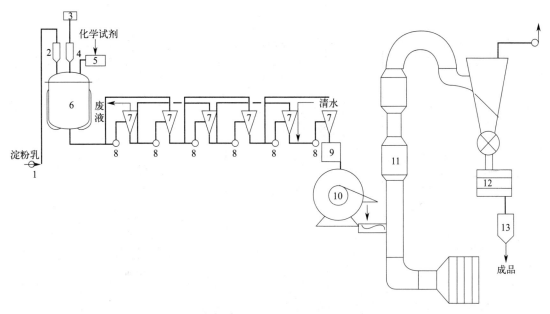

图 1-10 湿法生产变性淀粉的装置流程（二）

1，8—泵；2，4—计量器；3—高位槽；5—计量秤；6—反应罐；7—旋流器；

9，13—储罐；10—卧式刮刀离心机；11—气流干燥器；12—成品筛

粉发展的方向。此外，干法虽然只能生产少数几种产品，如黄糊精、白糊精、酸变性淀粉和淀粉磷酸酯等，但是这些产品的产量大、应用范围广，加之干法生产具有产品收率高、无污染等优点，所以是一种很有前途的生产方法。干法是在"干"的状态下完成变性反应的，所以称为干法。所谓的"干"的状态并不是没有水，因为没有水（或有机溶剂）存在，变性反应是无法进行的。干法用了很少量的水，通常在 20% 左右，而含水 20% 以下的淀粉，几乎看不出有水分存在。也正因为反应系统中含水量很低，所以干法生产中一个最大的困难是淀粉与化学试剂的均匀混合问题。

干法生产工艺流程及装置流程如图 1-11、图 1-12 所示。

图 1-11 干法生产变性淀粉的工艺流程

1.3.5 变性淀粉的种类及其生产方法、性质、应用

目前国内以木薯淀粉为原料生产的商品变性淀粉产品达 20 多个品种（系列化），这些产品构成了产品群。变性淀粉产品的分类方法有多种，如根据变性淀粉的生产方法（化学方法、物理方法、酶法等）进行分类（图 1-13）。变性淀粉还可根据应用领域（应用于造纸、食品、纺织、制药或发酵等行业）进行分类[8-15,33]，见表 1-3。

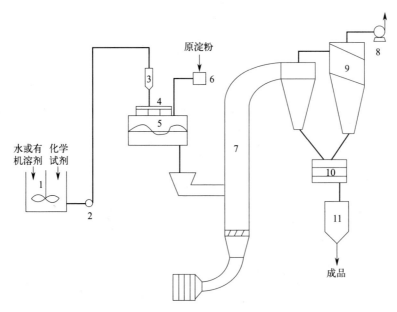

图 1-12　干法生产变性淀粉的装置流程

1—试剂储罐；2—泵；3—计量器；4—分配系统；5—混合器；6—计量秤；7—沸腾反应器；

8—风机；9—分离器；10—成品筛；11—储罐

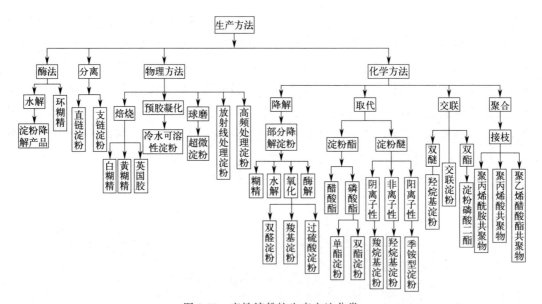

图 1-13　变性淀粉按生产方法分类

表 1-3　木薯变性淀粉按应用领域分类

应用范围	木薯变性淀粉品种	功能性质	替代产品
造纸	阳离子淀粉、淀粉磷酸酯、两性离子淀粉	黏结,具有阳、阴离子或两性离子特性	天然淀粉和乳胶
瓦楞纸板	预胶凝化/颗粒淀粉	黏结/初始黏度、渗透性	天然淀粉、水玻璃
纺织	淀粉醋酸酯	上浆、精整、纺织	丙烯酸盐

续表

应用范围	木薯变性淀粉品种	功能性质	替代产品
石膏/无机纤维板	淀粉酯/醚	黏着、低温糊化(速干)	淀粉降解物
煤饼	淀粉酯	黏着/初始黏度	硫酸木质素
纸袋黏合剂	淀粉酯、预糊化淀粉(α-化淀粉)	黏着、速干	淀粉降解物、聚乙烯醇
石油钻井	淀粉酯/醚、α-化淀粉	水合、增稠	羧甲基纤维素(CMC)及其他
铸造	α-化淀粉	黏着、湿模稳定性	酚醛树脂、呋喃树脂
鱼虾颗粒饲料	α-化淀粉	黏合、黏弹	CMC、聚乙烯醇

从表 1-3 中得知，木薯淀粉与其他淀粉相比具有蛋白质含量低、支链淀粉含量高、聚合度高、糊化温度低、糊液透明度高、成膜性好、渗透性强等先天性的优点，利用木薯淀粉这些优良的性能生产木薯变性淀粉产品，更能满足不同应用领域的应用性能要求。特别是近几年食用变性淀粉行业的需求已有明显上升趋势，且在一些应用领域，玉米变性淀粉难以替代木薯变性淀粉，这也是木薯淀粉进口量逐年增长的主要原因之一。欧盟、美国、日本等以玉米、马铃薯为原料生产变性淀粉的大国或地区，仍要在泰国、印度尼西亚、巴西等盛产木薯的国家兴建木薯变性淀粉厂，生产木薯变性淀粉。表 1-4 是木薯变性淀粉、马铃薯变性淀粉和玉米变性淀粉的主要性能比较。

表 1-4　木薯变性淀粉、马铃薯变性淀粉和玉米变性淀粉的主要性能比较

项目	木薯变性淀粉	马铃薯变性淀粉	玉米变性淀粉
透明性	半透明	半透明	不透明
抗剪切性	低	低	高
冷冻稳定性	稍差	好	差
凝胶强度	弱	很弱	强
冷糊稠度	丝长、易凝固	丝长、易成丝	丝短、不凝固
老化性能	低	低	很高
黏度峰值	高	高	中等
蒸煮稳定性	差	差	好
蒸煮快慢	快	快	慢
膜强度	高	高	低
柔韧性	高	高	低
膜溶解性	高	高	低

1.3.5.1　预糊化淀粉

天然淀粉具有微晶胶束结构，冷水中不溶解膨胀，对淀粉酶不敏感，这种状态的淀粉为 β-淀粉。淀粉一般先经加热糊化再使用，为避免加热糊化的麻烦，工业上生产预先糊化再干燥的淀粉产品时只要用冷水调成糊即可。将原淀粉在一定量的水存在下进行加热处理后，淀粉颗粒溶胀成糊状，规则排列的胶束结构被破坏，分子间氢键断开，水分子进入其间，这时在偏光显微镜下观察到双折射现象消失，晶体结构也消失，并且容易接受酶的作用,这种结构称为 α-结构,这种状态的淀粉称为预糊化淀粉或 α-化淀粉。在我国,木薯预糊化淀粉占预糊化淀粉总量的 90% 以上[16,17]。

(1) 生产方法

生产预糊化淀粉的方法有热滚筒干燥法、喷雾干燥法、挤压膨化法等。

① 热滚筒干燥法。又称热滚法,是将已预热的精制淀粉乳喷洒在加热的滚筒表面,使淀粉乳充分糊化,然后快速干燥而获得成品的一种方法,是传统生产预糊化淀粉的主要方法。

a. 工艺流程。全过程基本为机械化连续生产,工艺流程如图 1-14 所示。

图 1-14 热滚筒干燥法的工艺流程

b. 滚筒干燥机。滚筒干燥法的主要设备是滚筒干燥机,其通过转动的中空热蒸汽滚筒,以热传导方式将附在筒体外壁的液相物料或带状物料进行干燥。这种干燥器的主要特点是热效率高,干燥速度快,表面蒸发强度可达 30~70kg/(m^2·h)。常用滚筒干燥器有单、双滚筒之分。

单滚筒干燥机结构见图 1-15(a),只有一个大滚筒,其表面附有一个或多个称为操作滚筒的小滚筒,在每个小滚筒前上方有滴管,用来滴下乳液。工作时用泵将淀粉乳打入预先已经加热的滚筒上,借助小滚筒使淀粉乳在大滚筒表面形成一层均匀的薄层。通过蒸汽加热使表面形成的淀粉乳薄层迅速糊化,并随着滚筒的转动,水分不断蒸发,形成了干燥的糊化淀粉膜。由于单滚筒表面附加有一个或多个小滚筒参加布膜,干燥时所形成的膜实际上是由 2~3 层薄膜叠加的。滚筒大小由生产需要而定,最普通的为直径 2m、长 5m。

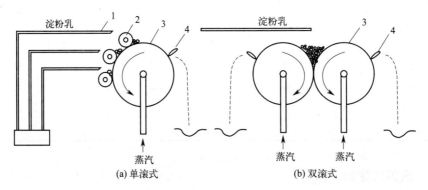

图 1-15 滚筒式干燥机

1—滴管;2—操作滚筒;3—滚筒;4—刮刀

双滚筒干燥机结构见图 1-15(b),两个滚筒的转动方向相反,淀粉乳液存于两个滚筒之间上方的凹槽内。两个筒体的间隙在 0.5~1mm,淀粉膜厚度由两筒之间的间隙控制。滚筒一般为直径 1.0m、长 2.0m,每个滚筒的外上侧有刮刀。工作时滚筒表面温度达

160～180℃，转速为 1.0～1.5r/min。淀粉乳加在两个滚筒之间，当两滚筒旋转时，分别在两个滚筒表面形成糊化淀粉膜，由各自滚筒上的刮刀刮下，然后碎解、筛分、包装。

② 喷雾干燥法。先将淀粉配浆，再将浆液加热糊化，将所得的糊用泵送至喷雾干燥塔进行干燥后得成品。淀粉浆液浓度应控制在 10% 以下，一般为 4%～5%；糊黏度在 0.2Pa·s 以下。浆液浓度过高、糊黏度太大会使泵输送和喷雾操作困难。采用这种方法时，由于淀粉浆液浓度低、水分蒸发量大，能耗随之增加，所以生产成本高。

③ 挤压膨化法。挤压膨化法将调好的淀粉乳加入螺旋式挤压器内，通过挤压、摩擦受热产生高温高压使淀粉糊化。当淀粉由挤压机顶端的几毫米细孔以爆发形式喷出时，压力骤降，水分瞬间蒸发，颗粒迅速膨胀干燥而得到预糊化淀粉。用挤压膨化法生产的预糊化淀粉，淀粉含水量低，耗能低，产品黏度比热滚筒干燥法得到的产品低。

图 1-16 是预糊化淀粉的典型生产线。

图 1-16　预糊化淀粉的典型生产线

（2）性质

无论用哪种方法生产预糊化淀粉，它们的共同特点是在冷水中溶胀、溶解，形成具有一定黏度的糊液。此外，α 化度（指一定数目的产品中预糊化淀粉所占比例）大于 80%。

（3）应用

预糊化淀粉的吸水性和保水性强、黏度及黏弹性都比较高，可添加在烘烤食品中，使其体积膨松，改善口感；预糊化淀粉的分散性能好，而且有增稠稳定作用，可用于软布丁、调料剂、脱水汤料、果汁软糖、油炸食品等作增稠剂和保形剂。预糊化淀粉在医药工业中作为药片黏合剂，除了起物质平衡作用外，还起到黏合剂作用；在铸造工业中作为砂心黏合剂，因预糊化淀粉在冷水中溶解容易、胶黏力强、倒入熔化金属时燃烧完全且不产生气泡，所以制品不致含"沙眼"、表面光滑，且强度高；在石油钻井中作泥浆降滤失剂，能降低泥饼的渗透性，对稳定井壁、预防黏卡和不堵塞油气层都是有利的。

1.3.5.2 糊精

（1）糊精的分类

糊精是淀粉分解而成的分子量较小的多糖。它的含义十分广泛，广义上是指淀粉经过不同降解方法得到的产物，但不包括低聚糖。

糊精的分子结构有直链状、支链状和环状，都是脱水葡萄糖聚合物（$C_6H_{10}O_5$）$_n$。常见的糊精产物有热解糊精、麦芽糊精和环糊精三大类。淀粉经酸、酶或酸与酶共同作用，催化水解得到的葡萄糖值在 20 或 20 以下的产物叫麦芽糊精；淀粉用嗜碱芽孢杆菌发酵发生葡萄糖基转移反应得到的环状分子叫环糊精，常见的有 α-环糊精、β-环糊精、γ-环糊精，它们分别由 6、7 和 8 个脱水葡萄糖单元组成，具有独特的包接功能。生产以上糊精用湿法工艺。

利用干法使淀粉降解所得的产物叫热解糊精，热解糊精又分为白糊精、黄糊精和英国胶（或称不列颠胶）三种。白糊精是于淀粉中加酸（硝酸或盐酸）经低温加热而得的，温度为 10～130℃，颜色为白色；黄糊精是于淀粉中加酸经高温加热而制得的，温度为 130～170℃，颜色为黄色；英国胶是于淀粉不加酸直接高温加热而制得的，温度为 180～220℃，反应时间约 20h，颜色为棕色，因最初在英国生产而得此名。

（2）糊精的制备

① 制备机理。淀粉经干燥转化成糊精的过程中发生的化学反应很复杂，至今仍未完全清楚，但可能包含水解反应、苷键转移反应、再聚合反应和焦糖化反应。每种反应的相对地位随着所生产糊精的种类而异。

② 生产方法。生产糊精有两种方法，一种是焙烧法，即加热或焙烧淀粉转化为糊精；另一种是湿法，用酸或酶处理淀粉悬浮液而制成糊精。工业上一般采用焙烧法，工艺流程如图 1-17 所示。

图 1-17　焙烧法生产糊精的工艺流程

糊精生产过程有 4 个主要阶段，包括预处理（酸化）、预干燥、热转化、冷却和中和。

③ 制备实例。白糊精、黄糊精、英国胶的具体制备过程如下。

a. 白糊精。取 100kg 淀粉投入装有搅拌器的金属容器内。将 280～300mL 工业盐酸稀释于 400mL 水中，开动搅拌器，在 10min 内将全部盐酸溶液喷入淀粉内。连续搅拌 30min，使淀粉与酸均匀混合，放置室温 24h。移入转化釜内，在 3～4h 内将物料温度升至 150℃，在最初 1h 内急速升温至 110～120℃，蒸发淀粉中的水，维持约 1h 再加热使温度每分钟升高 0.3～0.5℃。达到 150℃时，开始检查终产品，合格后迅速将糊精放入夹层冷却桶中冷却，调节水分，通过 80 目筛，成品包装。

b. 黄糊精。取 100kg 淀粉投入装有搅拌器的金属容器内。将 200mL 工业盐酸稀释于 400mL 水中，开动容器的搅拌，用喷雾器将盐酸溶液在 10min 内喷入淀粉中，继续搅拌 30min，室温放置 24h 后，移入转化釜中加热 1.5h，使温度升至 180～200℃。8h 后开始检查产品，合格后放入水泥池中继续反应 40～50min。最后在冷却桶内冷却，成品包装。

c. 英国胶（焙烧糊精）。先将淀粉的水分降至 5% 以下，在平底加盖的铁锅内直接用火加热焙烧，并连续搅拌，温度很快升到 120～130℃，然后放慢加热速度，使淀粉中的水缓慢蒸发。水分降低以后升温至 175～200℃ 降解 10h，开始检查产品，反应达终点，在冷却桶内冷却。干品有吸湿性，待吸收水达平衡时包装。

（3）性质

糊精在物理性质和化学性质方面与淀粉有很大的差异，这些差异随转化度而异，主要表现在以下几个方面。糊精颗粒外形与制造它的原淀粉相似，仍以颗粒存在，可用来区别原料淀粉的品种。糊精的外观色泽受转化温度、pH 值及时间的影响，一般转化温度越高，转化时间越长，色泽越深；pH 值越高，颜色越深，且加深的速度越快。随着转化程度不断增加，糊精在冷水中的溶解度逐渐增加。白糊精随着转化作用的进行，还原糖含量稳定上升到最高值。糊精的黏度通常用热黏度（即在热水中的黏度）和冷黏度（即在室外温水中的黏度）来表示，随着转化度的提高，糊精的黏度逐渐下降。

（4）应用

糊精有着广泛的用途。首先，它常与其他成分预混合制成各种黏合剂，用于各种黏合操作，如纸箱和纸板的封贴、瓶子标签、胶带涂胶、信封黏合、壁纸黏合、卷烟过滤嘴接合等。其次，它还可作医药片剂用的黏合剂、赋形剂和崩溃剂。此外，糊精在纺织工业上，可作为经纱上浆剂、印染黏合剂；在食品工业中，白糊精可用作面团改良剂。

1.3.5.3　酸变性淀粉

用酸在糊化温度以下处理淀粉而改变其性质的产品称为酸变性淀粉（acid modified starch）。

（1）生产原理

在用酸处理淀粉的过程中，酸作用于糖苷键使淀粉分子水解、断裂，分子量变小。淀粉颗粒由直链淀粉和支链淀粉组成，而直链淀粉和支链淀粉的酸解程度有很大差异。直链淀粉由 α-1,4 糖苷键连接而成，支链淀粉由 α-1,4 糖苷键和少量 α-1,6 糖苷键连接而成。直链淀粉分子间由氢键结合成结晶态结构，酸渗入比较困难，致使 α-1,4 糖苷键不易被酸解。而颗粒中无定形区域的支链淀粉分子的 α-1,4 糖苷键和 α-1,6 糖苷键较易被酸渗入而发生水解[30]。

酸水解分为两步，第一步是快速水解无定形区域的支链淀粉，第二步是水解结晶区域的直链淀粉和支链淀粉，水解较慢。在酸催化水解过程中，淀粉分子变小、聚合度下降、还原性增加、流度增高。

（2）生产工艺

通常生产酸变性淀粉的工艺流程如图 1-18 所示。

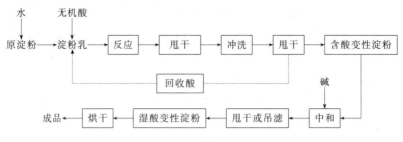

图 1-18 酸变性淀粉生产工艺流程

生产实例如下所述。称取 10kg 木薯淀粉，置于搪瓷反应罐内，搅拌下加入适量水，调成浓度为 40% 的淀粉乳，升温到 37~38℃，加入 3L 盐酸，恒温酸解反应 3.5h。反应结束后，将酸变性淀粉乳泵入不锈钢离心甩干机中，甩干脱水约 20min，加入 4L 水，再甩干约 5min，回收酸液供下批次生产用。然用 5mol 碳酸钠溶液中和酸变性淀粉乳至 pH＝6，以终止淀粉继续变性。离心甩干后，用水洗去中和产生的盐，至流出液无咸味为止，离心脱水，即得湿酸变性淀粉。湿淀粉在 80℃ 下烘干至水分低于 12%，得成品酸变性淀粉。

（3）性质

生产酸变性淀粉的主要目的是降低淀粉糊的黏度。降低黏度通过酸解断链，降低分子量来完成。酸变性淀粉基本保持原淀粉颗粒的形状，但在水中受热时情况会不同，原淀粉受热后膨胀系数变大，体积增大几倍。酸变性淀粉的糊黏度远低于原淀粉，且由于支链解聚较快，因此酸变性淀粉中直链淀粉含量增加，其凝沉作用增强。

（4）应用

酸变性淀粉广泛应用于造纸、纺织、食品以及建筑等工业领域。在造纸工业中利用酸变性淀粉成膜性好、膜强度大、黏度低等特性，将其作为特种纸张表面涂胶剂，以改善纸张的耐磨性、耐油墨性，提高印刷效能。在纺织工业中，酸变性淀粉用来进行棉织品和棉-合成纤维混纺织品的上浆和整理处理。在食品工业中，酸变性淀粉主要用来制造糖果，如软糖、胶基糖果，还可以制作淀粉果子冻、胶冻婴儿食品。酸变性淀粉还可用于制造无灰浆墙壁结构用的石膏板。

1.3.5.4 氧化淀粉

淀粉在酸、碱、中性介质中都可与氧化剂反应，使淀粉氧化，氧化所得的产品称为氧化淀粉[35]。氧化淀粉具有黏度低、固体分散性高、凝胶化作用极小等特点[31]。

下面主要介绍次氯酸钠氧化淀粉和双醛淀粉。

1.3.5.4.1 次氯酸钠氧化淀粉

用次氯酸钠氧化生产氧化淀粉是研究最多、最成熟、应用最广泛的一类生产方法。次氯酸钠还可溶解淀粉中的大部分含氯杂质，使有色物质除去而脱色，长时间处理可减少淀粉中游离脂肪酸的含量，有利于提高产品纯度，改善各方面性能。

（1）反应机理

淀粉的氧化反应复杂，曾有不少有关机理研究的报道，其指出氧化主要发生在脱水葡萄糖单元的 C2 和 C3 位的仲醇羟基上，生成羰基、羧基，且环形结构断开。如式(1-2)所示，脱水葡萄糖单元的羟基先氧化成羰基，再氧化成羧基有两个不同的过程，Ⅰ 经过 α,α-三羰结构，Ⅱ 经过烯二醇结构。与高碘酸的氧化相似，将 C2 和 C3 的羟基氧化成羰基，得双醛淀粉，羰基再进一步被氧化成羧基，得双羧淀粉。

$$(1-2)$$

反应介质不同，原料的存在形式不同，氧化结果和反应速率也有差异。例如，在酸性、碱性条件下氧化反应很慢，而在中性、微酸或微碱性条件下，反应最快。

在不同 pH 值条件下反应，测定的羧基与羰基的比例不同，如表 1-5 所示。

表 1-5　pH 值对氧化淀粉羧基和羰基含量的影响

反应 pH 值	羧基含量/%	羰基含量/%
7.0	0.72	0.26
8.0	0.77	0.14
9.0	0.81	0.11
10.0	0.75	0.065
11.0	0.70	0.045

在不同 pH 值条件下氧化淀粉时，产品的羧基含量随 pH 值增加而增加，在 pH 值为 9.0 时达到最高值，然后下降；但羰基含量随 pH 值增加而迅速下降。

（2）生产方法

常见制备次氯酸钠氧化淀粉的工艺流程如图 1-19 所示。

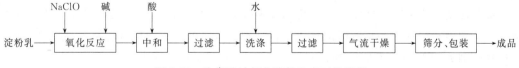

图 1-19　次氯酸钠氧化淀粉生产工艺流程

将淀粉在反应罐中调成浓度为 40%～45% 的淀粉乳，在不断搅拌下加入浓度为 2% 的氢氧化钠溶液调节 pH 至 10，温度控制在 30～50℃范围内，加入有效氯浓度为 5%～10% 的次氯酸钠溶液。因为次氯酸钠溶液中有效氯含量变化比较大，所以每次使用前都必须进行测定，方法可采用碘量法或亚砷酸法。反应开始后有酸性物质生成，pH 不断下降，需不断滴加稀氢氧化钠溶液，使 pH 保持稳定。另外，在氧化过程中不断释放出热量，因此反应罐必须安装冷却装置，使反应温度保持在规定范围内。当反应达到所要求的程度（用黏度计测定）时，先降低 pH 至 6.0～6.5，用 20％的硫酸氢钠溶液中和反应液中多余的氢，经过滤或离心机分离，再经水洗除去可溶性副产物、盐及降解物，然后将产品在 50～52℃下干燥，制成氧化淀粉。调节反应时间、温度、pH、氧化剂添加速度、淀粉乳与次氯酸钠的浓度，可以生产出不同性能的氧化淀粉。

（3）性质

与原淀粉相似，氧化淀粉颗粒仍保持有偏光十字。由于次氯酸盐的漂白作用，氧化淀粉比原淀粉色泽白，并且随氧化程度的增加，颜色变得更白。氧化淀粉的糊化温度比原淀粉的糊化温度低，因而易于糊化。随着氧化程度的增加，糊化温度降低，达到热黏度最高值的温度降低，热黏度最高值也降低，热黏度稳定性提高，凝沉性减弱，冷黏度降低。

（4）应用

工业生产的氧化淀粉主要用作造纸工业施胶剂和胶黏剂、纺织工业上浆剂、食品工业添加剂、建筑材料工业胶黏剂。

1.3.5.4.2　双醛淀粉

（1）反应原理

双醛淀粉（dialdehyde starch，DAS）是用高碘酸处理淀粉而制得的含有醛羰基的高分子混合物，也是一种氧化淀粉。它选择地氧化相邻的 C2 及 C3 上的羧基而生成羰基，并断开 C2 与 C3 之间的键，形成双醛淀粉。反应式如式（1-3）所示。

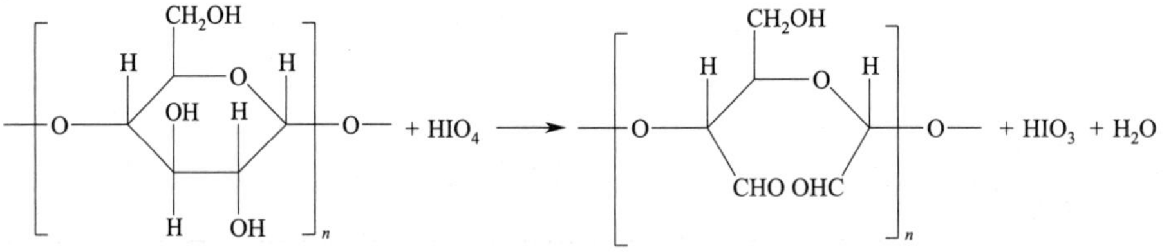

$$\cdots + HIO_4 \longrightarrow \cdots + HIO_3 + H_2O \quad (1\text{-}3)$$

双醛结构具有较高的化学活性，可被水解或还原成赤藓糖醇（赤丁四醇）、乙二醇、乙二醛等衍生物，自身也可作为天然或合成高分子的交联剂。

（2）生产方法

尽管高碘酸或高碘酸盐是一种十分有效的氧化剂，但由于高碘酸价格昂贵，商业上制备双醛淀粉时，高碘酸需回收反复使用。回收的方法有电解法和化学法。

最初使用一步工艺，即淀粉的氧化和高碘酸的氧化在同一个反应器中进行。目前采用两步法，即淀粉的氧化和高碘酸的氧化过程分别进行。电解法和化学法制备双醛淀粉的工艺流程分别如图 1-20、图 1-21 所示。

（3）性质

双醛淀粉中的羰基很少以游离状态存在，主要与 C6 上的伯醇形成半缩醛结构、与水分子结合形成环形结构、与水合物形成半醛醇。双羰基的环形结构都很脆弱，易断裂，使羰基游离出来，其反应活性与醛类化合物相同，易与亚硫酸盐、醇类、胺类以及具有毒性的肼类和酰肼类等试剂进行反应。

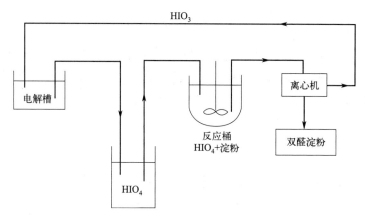

图 1-20 电解法生产双醛淀粉工艺流程图

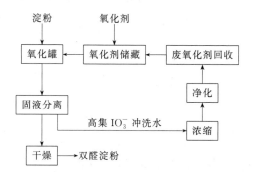

图 1-21 化学法生产双醛淀粉工艺流程图

（4）应用

双醛淀粉具有很高的化学活性，可与含羟基的纤维素反应，用于生产抗湿性的包装纸、高强度纸、卫生用纸、擦拭纸和地图纸等。双醛淀粉具有与多肽的氨基和亚氨基进行反应的能力，是一种很好的皮革鞣剂。

1.3.5.5 交联淀粉

交联淀粉（crosslinked starch）是多元官能团化合物作用于淀粉乳，使两个或两个以上的淀粉分子交联在一起的淀粉衍生物。交联淀粉具有高稳定性，不同交联度的产品具有不同的糊化特性。交联变性也是生产复合变性淀粉的一种重要方法。

（1）交联反应机理

使淀粉分子间发生交联反应的试剂称为交联剂，交联剂种类很多，都含双官能团或多官能团。工业生产中常用的交联剂有环氧氯丙烷、三氯氧磷和三偏磷酸钠等。前者具有 2 个官能团，后两者具有 3 个官能团。淀粉交联的主要形式有酰化交联、酯化交联和醚化交联。其中，酯化交联和醚化交联较为常见。

① 酯化交联机理。淀粉交联的酯化交联机理如下所示。

a. 三氯氧磷交联。三氯氧磷（POC）又称为磷酰氯，它在 pH 为 8～12、反应温度为 20～30℃的条件下，与淀粉发生交联反应，得到淀粉磷酸二酯，如式（1-4）所示。

$$2StOH + Cl\text{—}\overset{\displaystyle O}{\underset{\displaystyle Cl}{P}}\text{—}Cl \xrightarrow[pH=8\sim12]{NaOH} StO\text{—}\overset{\displaystyle O}{\underset{\displaystyle ONa}{P}}\text{—}OSt + 3HCl \tag{1-4}$$

淀粉　　　三氯氧磷　　　　　　淀粉磷酸二酯

b. 三偏磷酸钠交联。在 pH 为 9～12、反应温度为 50℃ 左右的条件下，三偏磷酸钠与淀粉交联，反应生成焦磷酸二氢钠，如式（1-5）所示。

$$2StOH + O\text{=}\overset{\displaystyle NaO\ \ O}{\underset{\displaystyle ONa\ \ ONa}{P\text{—}O\text{—}P}}\text{=}O \xrightarrow{Na_2CO_3} StO\text{—}\overset{\displaystyle O}{\underset{\displaystyle ONa}{P}}\text{—}OSt + Na_2H_2P_2O_7 \tag{1-5}$$

三偏磷酸钠　　　　　　　　焦磷酸二氢钠

c. 混合酸酐交联。在 pH 为 8、反应温度为 50℃ 左右的条件下，酸酐（己二酸与醋酸）与淀粉的醇羟基进行酰化反应生成己二酸淀粉双酯、己二酸淀粉单酯及醋酸淀粉酯，如式(1-6) 所示。

$$StOH + CH_3\text{—}\overset{\displaystyle O}{C}\text{—}O\text{—}\overset{\displaystyle O}{C}\text{—}(CH_2)_4\text{—}\overset{\displaystyle O}{C}\text{—}O\text{—}\overset{\displaystyle O}{C}\text{—}CH_3 \xrightarrow[pH=8]{NaOH}$$

$$StO\text{—}\overset{\displaystyle O}{C}\text{—}(CH_2)_4\text{—}\overset{\displaystyle O}{C}\text{—}OSt + NaO\text{—}\overset{\displaystyle O}{C}\text{—}CH_3 + StO\text{—}\overset{\displaystyle O}{C}\text{—}(CH_2)_4\text{—}\overset{\displaystyle O}{C}\text{—}ONa + StO\text{—}\overset{\displaystyle O}{C}\text{—}CH_3 \tag{1-6}$$

己二酸淀粉双酯　　　　　　己二酸淀粉单酯　　　　　醋酸淀粉酯

② 醚化交联机理。淀粉交联的醚化交联机理如下所示。

a. 环氧氯丙烷交联。环氧氯丙烷分子中具有活泼的环氧基和氯原子，是一种交联效果极好的交联剂，由于反应条件温和、易于控制，是经常选用的交联剂。环氧氯丙烷与淀粉交联反应生成双淀粉甘油醚，如式(1-7) 所示。

$$2StOH + \overset{\displaystyle O}{CH_2\text{—}CH}\text{—}CH_2Cl \xrightarrow{OH^-} St\text{—}O\text{—}CH_2\text{—}\overset{\displaystyle OH}{CH}\text{—}CH_2\text{—}O\text{—}St + HCl \tag{1-7}$$

环氧氯丙烷　　　　　　　　双淀粉甘油醚

b. 甲醛交联。醛类是最先使用、应用最多的一类交联剂。醛和淀粉的反应历程分两个阶段：

第一阶段为起始阶段，此时醛类和淀粉的醇羟基形成半缩醛，该反应在酸性条件下有利，低浓度质子（H^+）对甲醛的交联反应有催化作用，这可能是因为低浓度的质子能降低羰基电子浓度，pH 值高（大于 7.5）时，反应被抑制，故反应在酸性条件下进行，见式(1-8)。

$$StOH + CH_2\text{=}O \xrightarrow{H^+} St\text{—}O\text{—}CH_2\text{—}OH \tag{1-8}$$

第二阶段为交联阶段，生成的半缩醛再进一步生成缩醛，反应式如式(1-9) 所示。

$$St\text{—}O\text{—}CH_2\text{—}OH + StOH \xrightarrow{H^+} St\text{—}O\text{—}CH_2\text{—}O\text{—}St + H_2O \tag{1-9}$$

由于反应有水生成，为避免水解，应及时脱水。

（2）生产方法

制备交联淀粉的反应条件在很大程度上取决于使用的双官能团或多官能团试剂。一般情况下，大多数反应是在淀粉悬浮液中进行的，反应温度从室温到 50℃ 左右，反应在中性到适当的碱性条件下进行，通常为了加快反应加入一些碱，但碱性过大，会使淀粉胶溶或膨胀。

（3）性质

交联淀粉的颗粒形状与原淀粉相同，未发生变化。淀粉颗粒中淀粉分子间由氢键结合成颗粒结构，在热水中受热时氢键强度减弱，颗粒吸水膨胀，黏度上升，达到最高值时，表明膨胀颗粒已达到了最大的水合作用。交联对木薯淀粉糊黏度性质的影响显著，受热糊化产生热黏度高峰，但稳定性差，继续加热，黏度降低快，特别是在较低 pH 值的酸性条件下。交联淀粉的糊黏度对热、酸和剪切应力的影响具有较高的稳定性。经交联的淀粉具有较高的冷冻稳定性和冻融稳定性，在低温下较长时间冷冻或冻融、融化，重复多次，食品仍能保持原来的组织结构不发生变化。

（4）应用

交联淀粉在工业上常与其他变性方法联合使用，使产品具有更实用、更有效的特性；在食品工业中，用作增稠剂和稳定剂；在医药行业中，用作橡胶制品的防粘剂和润滑剂。在造纸工业中，交联淀粉由于在常压下受热，颗粒膨胀但不破裂，能被湿纸页大量吸收，故在造纸打浆机中施胶效果好。交联淀粉抗剪切性强，在强碱条件下具有高黏度，可作瓦楞纸和纸箱纸的胶黏剂[32]。在纺织工业中，交联淀粉用于浆纱，容易附着在纤维表面上增加耐磨性和耐热稳定性。另外，干电池中用交联淀粉作阻漏和防漏材料，能提高电池的保存性和放电性。交联淀粉还可用作石油钻井泥浆、印刷油墨、煤饼、木炭、铸造砂心、陶瓷的黏合剂等。

1.3.5.6　酯化淀粉

淀粉分子的醇羟基被无机酸或有机酸酯化而得到的产品称为酯化淀粉（esterified starch）[33,34]。酯化淀粉又可分为淀粉无机酸酯和淀粉有机酸酯两大类，前者主要品种有淀粉磷酸酯、淀粉硝酸酯、淀粉黄原酸酯等；后者品种较多，如淀粉醋酸酯、淀粉琥珀酸酯等。下面重点阐述常用的淀粉磷酸酯、淀粉黄原酸酯和淀粉醋酸酯。

1.3.5.6.1　淀粉磷酸酯

淀粉易与磷酸盐发生反应生成淀粉磷酸酯，即使很低的取代度也能明显地改变原淀粉的性质。磷酸为三价酸，能与淀粉分子中的 3 个羟基发生反应生成磷酸一酯、二酯和三酯，淀粉磷酸一酯也称为淀粉磷酸单酯，是工业上应用最广泛的淀粉磷酸酯。双酯型磷酸淀粉是一个淀粉分子中的两个羟基同一个正磷酸（即磷酸三钠，Na_3PO_4）分子发生酯化反应的生成物；或者两个淀粉分子中的各一个羟基同一个正磷酸分子发生酯化反应的生成物。这两种双酯以盐的形式出现时，称为淀粉磷酸双酯。

（1）生产机理和方法

常用于制备淀粉磷酸单酯的试剂有正磷酸盐（NaH_2PO_4 或 Na_2HPO_4）、焦磷酸盐（$Na_3HP_2O_7$）、偏磷酸盐 [$(NaPO_3)_n$]、三聚磷酸盐（$Na_5P_3O_{10}$，即 STPP）、有机含磷试剂等。三聚磷酸盐和焦磷酸盐被称为部分酸酐，即脱水不完全的磷酸酐。淀粉磷酸单酯的制备方法如下。

① 与正磷酸盐反应生成淀粉磷酸单酯。其机理与方法如下所示。

a. 酯化机理。淀粉与正磷酸盐如磷酸一氢钠（Na_2HPO_4）和磷酸二氢钠（NaH_2PO_4）的反应式如式(1-10)所示。

$$St-OH + NaH_2PO_4/Na_2HPO_4 \longrightarrow St-O-\overset{\overset{\displaystyle O}{\|}}{\underset{\underset{\displaystyle OH}{|}}{P}}-ONa \qquad (1\text{-}10)$$

b. 生产方法。生产工艺分湿法和干法。湿法又称浸泡法，工艺流程如图1-22所示。湿法反应时，由于试剂与淀粉相互渗透，反应系统混合均匀度好，但会产生较多废水；而且由于滤饼湿度大，干燥后反应时间会延长。

磷酸盐溶液
淀粉乳 → 脱水 → 干燥 → 酯化反应 → 冷却 → 调湿 → 成品

图 1-22 湿法生产淀粉磷酸单酯工艺流程

干法的工艺流程如图1-23所示。干法反应的优点是工艺流程短，能耗低，无废水产生。其缺点是对喷雾混合设备要求高，生产粉尘大、易爆炸；产品均匀度不如湿法，产品质量不稳定。干法制造淀粉磷酸单酯可以采用焙烧糊精的设备，用焙烧法生产，制得的产品质量稳定。

磷酸盐溶液
喷洒
干淀粉或淀粉滤饼 → 混合 → 干燥 → 酯化反应 → 冷却 → 调湿 → 成品

图 1-23 干法生产淀粉磷酸单酯工艺流程

也有人对湿法进行改进，提出将淀粉与磷酸盐的浓溶液通过捏合设备或搅拌设备达到混匀的目的，省掉淀粉的浸泡和过滤工序，该法被称为半湿法。

② 与三聚磷酸钠反应生成淀粉磷酸单酯。其机理与方法如下所示。

a. 酯化机理。采用三聚磷酸钠（STPP）作磷酸化剂，对淀粉进行磷酸化，反应式如式(1-11)所示。

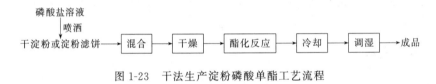

$$St-OH + NaO-\overset{\overset{\displaystyle ONa}{|}}{\underset{\underset{\displaystyle O}{\|}}{P}}-O-\overset{\overset{\displaystyle O}{\|}}{\underset{\underset{\displaystyle ONa}{|}}{P}}-O-\overset{\overset{\displaystyle NaO}{|}}{\underset{\displaystyle P}{}}-ONa \longrightarrow St-O-\overset{\overset{\displaystyle ONa}{|}}{\underset{\underset{\displaystyle O}{\|}}{P}}-ONa + Na_3HP_2O_7 \qquad (1\text{-}11)$$

b. 生产方法。同正磷酸盐一样，也可采用干法或湿法使淀粉与三聚磷酸钠反应生成淀粉磷酸单酯。

美国食品药品监督管理局允许用正磷酸单钠、三偏磷酸钠及三聚磷酸钠（在淀粉中最大的残磷量为0.4%）、氯氧磷（在淀粉上的最大处理量是0.1%）生产用于食品中的淀粉磷酸酯[20]；只许使用6%（最大值）的磷酸及20%（最大值）的尿素相结合的方法制得用于食品包装物中的淀粉衍生物产品。

双酯型磷酸淀粉可用湿法生产，以三氯氧磷和三偏磷酸钠为酯化剂，生产淀粉磷酸双酯的方法已在交联淀粉中介绍[24]。

（2）性质

淀粉磷酸单酯是阴离子淀粉衍生物，仍为颗粒状，是一种良好的乳化剂，它的分散液能与动物胶、植物胶、聚乙烯醇和聚丙烯酸酯兼容。与原淀粉相比，糊液黏度、透明度和稳定性均有明显的提高；凝沉性减弱，冷却或长期储存也不凝结成胶冻，冻融稳定性好。

（3）应用

在造纸工业中，淀粉磷酸酯作为湿部添加剂能提高纸张强度、耐折度，提高填料的留着率和降低白水浓度，其中淀粉磷酸单酯主要用作涂布美术印刷纸（铜版纸）的颜料黏合剂、纸板的增强剂、印刷纸的表面施胶剂。在食品工业中，淀粉磷酸酯主要用作增稠剂、稳定剂等，其中单酯产品有助于棉籽油和大豆油的品质稳定，也是油脂的优良乳化剂。淀粉磷酸酯可作为洗煤场尾水的絮凝剂，还可作为铸造砂芯的黏合剂；与氯丁橡胶胶乳混合可得强度良好、快速黏接的黏合剂，用以黏合木块，抗剪切强度高于氯丁橡胶胶乳。此外，高交联二酯淀粉可应用于干电池。

1.3.5.6.2　淀粉醋酸酯

在碱性条件下，淀粉与醋酸酐等酯化剂反应，生成带有乙酰基的淀粉衍生物，即为淀粉醋酸酯，又称乙酰化淀粉或醋酸淀粉[34]。在工业上一般使用的都是低取代度（DS 在 0.2 以下[24]）的产品。高取代度（DS 在 2～3）的淀粉醋酸酯性质与醋酸纤维素相似，但因强度及价格方面的问题，尚未大规模生产。

（1）基本原理

淀粉分子中的脱水葡萄糖单元的 C2、C3 和 C6 上具有羟基，在碱性条件下，能被多种乙酰基取代，生成低取代度的淀粉醋酸酯。所用的酯化剂有醋酸、醋酸酐、醋酸乙烯酯、醋酸酐-醋酸混合液等，一般以醋酸酐居多[35]。

① 醋酸酐作酯化剂。工业生产低取代产品是用淀粉乳在碱性条件下与醋酸酐试剂反应，反应如式（1-12）所示。

$$\text{St—OH} + (CH_3CO)_2O + NaOH \longrightarrow \text{St—O—}\overset{\displaystyle O}{\overset{\displaystyle \|}{C}}\text{—}CH_3 + CH_3COONa + H_2O \qquad (1\text{-}12)$$

② 醋酸乙烯酯作酯化剂。淀粉和醋酸乙烯酯在水介质中，通过碱性催化酯基转移作用发生乙酰化反应生成淀粉醋酸酯衍生物，为工业常用方法。在反应中，除生成淀粉醋酸酯外，还会生成乙烯醇（CH_2=CHOH），并立即重排成乙醛，如式（1-13）所示。

$$\text{St—OH} + CH_2\text{=CH—O—}\overset{\displaystyle O}{\overset{\displaystyle \|}{C}}\text{—}CH_3 \xrightarrow{Na_2CO_3} \text{St—O—}\overset{\displaystyle O}{\overset{\displaystyle \|}{C}}\text{—}CH_3 + CH_3CHO \qquad (1\text{-}13)$$

（2）生产方法

① 以醋酸酐作酯化剂制取低取代淀粉醋酸酯。将淀粉用水调成 40% 淀粉乳，用 3% 氢氧化钠调节 pH 到 8.0，缓慢加入需要量的醋酸酐。为了防止酯水解副反应，反应在室温（25～30℃）下进行。在加入醋酸酐的同时，要不断加入 3% 氢氧化钠以保持 pH 为 8.0～8.4；因反应条件不同，工业生产反应时间一般控制在 2～4h。反应结束后用 0.5mol/L 盐酸调节 pH 至 5.5～7.0，然后离心、洗涤、干燥，制得成品。

② 以醋酸乙烯酯作酯化剂制取低取代淀粉醋酸酯。将淀粉分散在含有碳酸钠的水中，

然后加入需要量的醋酸乙烯酯，溶液 pH 调节至 7.5～10，在 24℃ 反应 1h，过滤、水洗、烘干，即得淀粉醋酸酯和乙醛副产品。乙醛可在 pH 为 2.5～3.5 时交联得乙酰化淀粉。

（3）性质

淀粉醋酸酯在淀粉中引入少量的酯基团，阻止或减少了直链淀粉分子间氢键的缔合，因此淀粉醋酸酯的许多性质优于原淀粉。例如，淀粉醋酸酯糊化温度降低，糊化容易；乙酰化程度越高，糊化温度越低；糊液稳定性增加，凝沉性减弱，透明度好，成膜性好，膜柔软光亮，又较易溶于水；易被碱分解，脱去乙酰基的淀粉颗粒与原淀粉颗粒完全一样。

（4）应用

在纺织工业中，淀粉醋酸酯主要用于棉纺、棉花、聚酯混纺及其他人工合成纤维的经纱上浆，成膜性好，纱强度高，柔软性好，耐磨性高，织布效率高，水溶解性高，易用酶处理退浆，适于进一步染色和整理。取代度（DS）为 0.02～0.05 的淀粉醋酸酯，其淀粉糊液稳定性好，不易老化，有抗凝沉性能，糊液黏度稳定性高，因此广泛用作食品的增稠剂、保形剂。在造纸工业中，淀粉醋酸酯主要作为涂布施胶剂，可降低涂布成本。由于该淀粉胶液稳定性高，泡沫少，流动性好，保水性能和黏结性能优良，与颜料和其他助剂相容性好，可部分取代丁苯乳胶、羧甲基纤维素（CMC）、聚乙烯醇（PVA）等价格昂贵的化工产品。

1.3.5.6.3 淀粉黄原酸酯

淀粉黄原酸酯（starch xanthate）是淀粉在强碱性条件下与二硫化碳（CS_2）反应的产物，反应式如式(1-14)所示。

$$St—OH + CS_2 + NaOH \longrightarrow St—O—\overset{\overset{\textstyle S}{\|}}{C}—SNa + H_2O \tag{1-14}$$

（1）生产方法

反应原理见式(1-14)。制备方法有两种：湿法和挤压法。

① 湿法是在水介质中进行的。将 324g 淀粉（含水量 0.01%）与 2400mL 水在烧杯内搅拌成淀粉乳，加入氢氧化钠溶液（40g 氢氧化钠溶入 200L 水中），快速搅拌 30min。加入 24.3mL 二硫化碳，烧杯罩盖，防止挥发，反应时间为 1h。反应产物中黄原酸酯的取代度能达到 0.1。

② 挤压法是将淀粉、二硫化碳和氢氧化钠按一定比例连续加入挤压机内，在高压和剪切作用下进行混炼，发生黄原化反应 2min 后，从卸料口流出黏稠状物体，干燥即得成品淀粉黄原酸酯。该法可以连续生产，使用较为广泛。

（2）性质

淀粉黄原酸酯本身稳定性不好，主要因为黄原酸酯遇空气中的氧而转化成多种含硫单体。淀粉黄原酸酯能与重金属离子进行离子交换，形成絮状沉淀物，反应如式(1-15)所示。

$$2St—O—\overset{\overset{\textstyle S}{\|}}{C}—S^- \, Na^+ + Zn^{2+} \longrightarrow (St—O—\overset{\overset{\textstyle S}{\|}}{C}—S)_2Zn\downarrow + 2Na^+ \tag{1-15}$$

（3）应用

淀粉黄原酸酯广泛应用在电镀、采矿、铅电池和有色金属冶炼等行业，处理工业废水取得明显效果。在橡胶中加入交联淀粉黄原酸酯，其补强作用的强度类似中等炭黑，而且改变了橡胶的传统加工过程，工艺简单，能耗降低，经济效益明显提高。在造纸工业的制浆过程中，可溶性淀粉黄原酸酯可作为湿部添加剂，提高纸张的干、湿强度以及抗撕裂力和耐折度。淀粉黄原酸酯还可以包埋多种农药，避免或减少由挥发、光照分解和包装漏失造成的散失和污染。

1.3.5.7　醚化淀粉

醚化淀粉（etherified starch）是淀粉分子的一个羟基与含羟基化合物中的一个羟基通过氧原子连接起来的淀粉衍生物。它包含许多品种，其中工业化生产的有 3 种类型：羧烷基淀粉、羟烷基淀粉和阳离子淀粉。对淀粉进行醚化变性，目的是保持黏度的稳定性，特别是在高 pH 条件下，醚化淀粉较氧化淀粉和酯化淀粉的性能更为稳定，所以应用范围更为广泛。

1.3.5.7.1　羧烷基淀粉

在碱性条件下，淀粉和一卤代羧酸可发生羧烷基化反应制得各类羧烷基淀粉。淀粉在碱性条件下和氯乙酸反应生成羧甲基淀粉。几乎所有类型的丙烯酸酯加到碱性淀粉乳中都能制得羧乙基淀粉。α-溴代戊酸钠与淀粉作用，可以生成酸戊烷基淀粉。

在众多的羧烷基淀粉中，羧甲基淀粉（carboxymethyl starch，CMS）应用最广泛、价格最低，它是一种阴离子淀粉醚，通常以钠盐形式制取，工业生产主要为低取代度产品。由于羧甲基淀粉的糊液透明、细腻、黏度高、黏结力大、流动性和溶解性好，且有较高的乳化性、稳定性和渗透性，不易腐败霉变，在食品、医药、纺织、印刷、造纸、冶金、石油钻井和铸造等行业中都有着广泛的用途，是一类重要的淀粉衍生物。

（1）反应机理

在碱性条件下，淀粉与氯乙酸或其钠盐发生双分子亲核取代反应，所得产物为钠盐，反应如式(1-16)、式(1-17) 所示。

$$St—OH+NaOH \longrightarrow St—O^- Na^+ +H_2O \tag{1-16}$$

$$St—ONa+ClCH_2COOH+NaOH \longrightarrow St—O—CH_2COONa+NaCl+H_2O \tag{1-17}$$

羧甲基取代反应优先发生在 C2 和 C3 上。C2 和 C3 上的羟基能被高碘酸钠（$NaIO_4$）定量地氧化成醛羰基，被羧甲基取代后则不能被 $NaIO_4$ 氧化，利用高碘酸钠的这一反应能测定羧甲基在 C2、C3 和 C6 上的取代比例。

（2）生产方法

一般在含水介质中反应制得低取代度（DS≤0.1）的产品，而高取代度的产品是在非水介质中反应或采用干法制备的。氯乙酸为结晶固体，熔点为 63℃，溶于水、乙醇、苯。

① 含水介质中反应。Hebeish 和 Khalil 研究指出，在含水介质中制取羧甲基淀粉时，淀粉乳浓度、氢氧化钠浓度、氯乙酸加入量、反应温度以及反应时间均影响反应效率和取

代度。

② 非水介质中反应。在非水介质中生产羧甲基淀粉的工艺流程如图 1-24 所示。

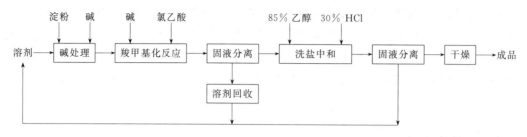

图 1-24 非水介质生产羧甲基淀粉工艺流程

在水介质中反应，随着反应的进行，反应物越来越黏稠，搅拌困难，进而给脱水、洗涤带来一系列问题。高取代度的羧甲基淀粉都是在有机溶剂介质（一般以能与水混溶的有机溶剂为介质）中反应的，在少量水存在的条件下进行醚化反应，以提高取代度和反应效率（RE）。有机溶剂的作用是保持淀粉不溶解，使产品仍保持颗粒状态。常用的有机溶剂为甲醇、乙醇、丙酮、异丙醇等。与在水介质中反应的情况相似，反应产物的取代度与碱和氯乙酸的浓度、反应时间、反应温度等因素有关，除此之外，还与反应介质以及溶剂与水的比例有关。

③ 干法。干法是指在生产过程中不用水或使用很少量的水生产羧甲基淀粉的方法。将干淀粉、固体氢氧化钠粉末和固体氯乙酸按一定比例加入反应器中，充分搅拌，升温到一定温度，反应较短时间（约 30min）即可得产品。经改进的半干法可制备冷水能溶解的羧甲基淀粉，具体做法：用少量的水溶解氢氧化钠和氯乙酸，搅拌下喷雾到淀粉上，在一定的温度下，反应一定时间。所得产品仍能保持原淀粉的颗粒结构，流动性好，易溶于水，不结块。在干淀粉中加入碱液，会使淀粉碱化，结固成团。如果用醇的水溶液溶解碱，可避免上述现象出现，加入的乙醇或甲醇，约为淀粉质量的 1/10。例如，在 6.5 份淀粉中加入 0.4 份氢氧化钠，碾碎碱块后，再加 4 份淀粉混合 1h，接着加入 1.2 份氯乙酸混合 1h，然后喷洒 0.8 份 8.5％乙醇溶液，在 50℃下反应 5h。

此外，干法生产羧甲基淀粉也常使用双螺杆挤出机，它可以使粉体、少量水溶解的氢氧化钠和氯乙酸通过螺杆的旋转挤压，达到充分混合、反应完全的目的。图 1-25 是使用双螺杆挤出机干法生产羧甲基淀粉的典型设备。

干法工艺的优点是反应效率高，操作简单，生产成本低廉，无废水排放，有利于环境保护；缺点是产品中含有杂质（如盐类等），反应均匀度不如湿法，影响产品质量的稳定性。

（3）性质

羧甲基淀粉为白色或淡黄色粉末，无臭无味。羧甲基淀粉具有羧基所固有的螯合、离子交换、多聚阴离子的絮凝作用及酸功能等性质；也具有溶液的性能，如增稠、糊化、水分吸收、黏附性及成膜性（包括抗脂性和抗水性）。它不溶于乙醇、乙醚、丙酮等有机溶剂，与重金属离子、钙离子等生成沉淀。

羧甲基淀粉具有吸水性，溶于水，充分膨胀，其体积可达到原来的 200～300 倍，吸

图 1-25　双螺杆挤出机干法生产羧甲基淀粉的设备

水性能优于羧甲基纤维素。

（4）应用

在食品工业中，羧甲基淀粉可作为增稠剂和食品保鲜剂；在医药工业，可用作药片的黏合剂和崩解剂，能加速药片的崩解和药物的有效溶出。在石油钻井领域中，羧甲基淀粉作为水泥浆降失水剂，它具有抗盐性和抗板结能力，可以防止井壁塌落，是公认的优质降失水剂。在纺织工业中，羧甲基淀粉作经纱上浆剂，具有调浆方便、浆膜柔软、乳化性和渗透性良好等特点，而且用冷水即可退浆。在造纸工业中，羧甲基淀粉可作为纸张增强剂及表面施胶剂，并能与聚氯乙烯（PVC）合用形成抗油性和水不溶性薄膜。在日化工业中，羧甲基淀粉作肥皂和家用洗涤剂的抗污垢再沉淀助剂、牙膏的基料，化妆品中加入羧甲基淀粉可保持皮肤湿润，经交联的羧甲基淀粉可作面巾、卫生餐巾及妇女用品的吸湿剂。在农业领域中，可用羧甲基淀粉作化肥的缓释剂和种衣剂等。在环境保护和建筑业领域中，羧甲基淀粉作为絮凝剂、整合剂和黏合剂，用于污水处理和建材混合。

1.3.5.7.2　羟烷基淀粉

淀粉与环氧乙烷反应生成的淀粉醚称为羟烷基淀粉。这类淀粉醚呈非离子状态，淀粉糊十分稳定，甚至在高 pH 条件下醚键也不能被水解。羟乙基淀粉（hydroxyethyl starch）和羟丙基淀粉（hydroxypropyl starch）是此类淀粉醚的典型产品。

（1）羟乙基淀粉

① 反应机理。淀粉与环氧乙烷的反应如式（1-18）所示。

$$\text{St}-\text{OH} + \underset{\underset{O}{\diagup\diagdown}}{\text{CH}_2-\text{CH}_2} \xrightarrow{\text{OH}^-} \text{St}-\text{O}-\text{CH}_2\text{CH}_2\text{OH} \qquad (1\text{-}18)$$

在羟乙基化反应中，环氧乙烷能与脱水葡萄糖单元的 3 个高活性羟基中的任何一个发生反应，还能与已取代的羟乙基发生反应生成多氧乙基侧链，如式（1-19）所示。

$$\text{St}-\text{OCH}_2\text{CH}_2\text{OH} + n\underset{\underset{O}{\diagup\diagdown}}{\text{CH}_2-\text{CH}_2} \xrightarrow{\text{OH}^-} \text{St}-\text{O}\!\left(\text{CH}_2\text{CH}_2\text{O}\right)_{\!n}\!\text{CH}_2\text{CH}_2\text{OH} \qquad (1\text{-}19)$$

因此，一般不用取代度（DS）表示反应程度，而用分子取代度（MS）来表示，即每个脱水葡萄糖单元与环氧乙烷发生反应的分子数。每个脱水葡萄糖有 3 个高活性羟基，因此 DS 值最高不能超过 3，但 MS 都能高过此数值。

一般只有 50%～75%或更少的醚化剂与淀粉反应，有 25%～50%的醚化剂水解生成乙二醇。工业化生产的羟乙基淀粉产品的 DS 为 0.2，由于醚化剂的连锁反应十分微弱，所以 DS 基本上等于 MS。

② 生产方法。淀粉颗粒和糊化淀粉都易与环氧乙烷发生醚化反应生成部分取代的羟乙基淀粉衍生物。生产方法有湿法、有机溶剂法和干法。工业上生产低分子取代度产品（MS 在 0.1 以下）用湿法；制备较高分子取代度产品，不宜用湿法工艺，而采用有机溶剂法或干法工艺。

湿法反应的优点是控制反应容易，产品仍保持颗粒状，易于过滤、水洗、干燥；缺点是反应时间长、产品取代度低。

制备较高分子取代度的羟乙基淀粉需在有机溶剂中进行。虽然有机溶剂分子中有羟基，但因淀粉分子羟基反应活性高，环氧乙烷优先与淀粉发生反应。可用的有机溶剂有甲醇、乙醇、丙酮、异丙醇、苯等。有机溶剂法的工艺虽与湿法大体相同，但有机溶剂贵、易燃、有毒、回收困难，一定程度上限制了该法的应用。

干法是制备较高分子取代度羟乙基淀粉的方法。淀粉颗粒和环氧乙烷进行气固反应，为了加快反应，首先让淀粉吸附催化剂（如 NaOH 和 NaCl），然后在高压釜内进行醚化反应。反应完成后用有机溶剂清洗，产品仍保持颗粒状。也可用叔胺和季铵碱作催化剂。干法可以得到洁白粉状且分子取代度较高的产品，但环氧乙烷的爆炸浓度范围极宽，且在高温、高压和碱催化条件下容易发生聚合反应，难以实现工业化。此外，成品难以纯化，给其在食品工业中的应用带来问题。

③ 性质。低取代度的羟乙基淀粉的颗粒与原淀粉十分相似；糊化温度随着取代度增高而降低；亲水性比原淀粉高，透明度高，胶黏力强；由于羟乙基的引入，淀粉分子间氢键重新结合趋向被抑制，凝沉性弱，贮存稳定性高；羟乙基为非离子基，受电解质和 pH 的影响要比离子型淀粉小得多；羟乙基淀粉薄膜比原淀粉清晰，易弯曲，柔软、光滑、均匀，改善了抗油性。

此外，羟乙基淀粉有醚键，除对酸、热和氧化剂作用稳定外，特别对碱稳定，故在较宽 pH 范围内应用仍可保持优良品质。高分子取代度羟乙基淀粉的 MS 在 0.5 以上，可溶于冷水，并随分子取代度的增加，冻融稳定性增强。

④ 应用。在造纸工业中，羟乙基淀粉可作为表面施胶剂和涂布剂，赋予纸张较好的强度、耐折性和着墨性。低分子取代度的羟乙基淀粉作为纸制品的黏合剂时可以单独使用，也可与其他化学多聚物混合使用。在纺织工业中，羟乙基淀粉浆膜强度高、柔软、糊黏度稳定，宜作经纱上浆剂；糊化温度低，适于低温上浆；糊液耐酸、耐碱，能与许多染料相溶，是理想的印花糊料。高分子取代度羟乙基淀粉主要用于医药工业，可用作代血浆，MS 为 0.5 的羟乙基淀粉可作冷冻保存血液的血细胞保存液。

（2）羟丙基淀粉

① 基本原理。羟丙基淀粉生产的基本原理如式（1-20）所示。

$$St—OH+NaOH \longrightarrow St—O^-Na^+ +H_2O \qquad (1-20)$$

$$St—O^-Na^+ +CH_2—CH—CH_3+H_2O \longrightarrow St—O—CH_2CHCH_3+NaOH$$

② 生产方法。羟丙基淀粉与羟乙基淀粉的制备方法基本相同，也分为湿法、有机溶剂法和干法，只是醚化剂为环氧丙烷。

③ 性质。羟丙基淀粉在糊化温度、糊液性质、醚键特性、薄膜特性上与羟乙基淀粉相似。羟丙基具有亲水性，能减弱淀粉颗粒内部氢键的强度，使淀粉易于膨胀和糊化；所得淀粉糊透明度高、流动性好、凝沉性弱、冻融稳定性高。此外，糊液黏度稳定是此类淀粉最大的特点：在室温条件下放置120h，黏度几乎没有什么变化；冷却黏度虽也增高，但幅度不大，并经重新加热后，仍能恢复原来的热黏度和透明度。

羟丙基具有非离子性，受电解质影响小，取代醚键的稳定性高，在进行复合变性的氧化、交联等化学反应过程中取代基不会脱落，能在较宽的pH条件下使用。

糊的成膜性好，透明、柔软、平滑，耐折性好。

④ 应用。羟丙基淀粉主要用于冷冻食品和方便食品中，可使食品在低温贮藏时具有良好的保水性，使食品耐热、耐酸、抗剪切性能好，并有较高的冻融稳定性及耐煮性。羟丙基淀粉也可作悬浮剂用于浓缩橙汁中，使其流动性好，放置也不分层或沉淀。交联羟丙基淀粉在常温下黏度低，在高温下黏度高，并且稳定，特别适于作罐头类食品的增稠剂。此外，羟丙基淀粉可用于造纸施胶和纺织上浆；用于洗涤剂中防止污物沉淀；用作建筑材料的黏合剂，涂料、化妆品的凝胶剂。

1.3.5.7.3 阳离子淀粉

阳离子淀粉是用各种含卤素或环氧基的有机胺类化合物与淀粉分子中的羟基进行醚化反应而生成的一种含有氨基且在氮原子上带有正电荷的淀粉醚衍生物。根据胺类化合物的结构或产品的特征，可分为伯胺型、仲胺型、叔胺型、季铵型阳离子淀粉以及其他阳离子淀粉。目前，新的阳离子淀粉醚仍在继续发展，但叔胺烷基淀粉和季铵烷基淀粉是主要的商品淀粉，尤其是季铵型阳离子淀粉，它是继叔胺型阳离子淀粉后发展起来的，各方面性能均优于叔胺型阳离子淀粉[22]。

（1）叔胺烷基淀粉

① 基本原理。用来制备叔胺烷基淀粉的卤代胺包括 *N*-甲基氨基乙基氯、*N*,*N*-二乙基氨基乙基氯、*N*-甲基氨基异丙基氯等。以 *N*,*N*-二乙基氨基乙基氯为例，反应如式(1-21)所示。

$$St—OH+Cl—CH_2CH_2N(C_2H_5)_2 \xrightarrow{OH^-} St—O—CH_2CH_2N(C_2H_5)_2 \qquad (1-21)$$

$$\xrightarrow{HCl} [St—O—CH_2CH_2N(C_2H_5)_2]^+Cl^-$$

② 生产方法。通常采用湿法，以水为反应介质，将淀粉调成浓度为35%～40%的淀粉乳。由于反应在碱性条件（pH=10～11）下进行，必须在反应介质中加入10%左右的氯化钠，抑制淀粉颗粒膨胀。加入醚化剂后将反应温度控制在40～50℃。反应时间视取代度要求来确定，一般为4～24h。反应结束后，用盐酸中和至pH为5.5～7.0，然后离心、洗涤、干燥。

尽管制备叔胺烷基淀粉所用的阳离子剂成本较低，但由于叔胺烷基淀粉只有在酸性条件下才呈强阳离子性，因而在使用上受到了一定限制。

（2）季铵烷基淀粉

① 基本原理。叔胺或叔胺盐易与环氧氯丙烷生成具有环氧结构的季铵盐，季铵盐再与淀粉发生醚化反应得季铵烷基淀粉，反应如式（1-22）所示。

$$(CH_3)_3N + CH_2\!\!-\!\!CH\!\!-\!\!CH_2\!\!-\!\!Cl \longrightarrow [CH_2\!\!-\!\!CH\!\!-\!\!CH_2N(CH_3)_3]^+Cl^-$$
$$St\!\!-\!\!OH + [CH_2\!\!-\!\!CH\!\!-\!\!CH_2N(CH_3)_3]^+Cl^- \longrightarrow [St\!\!-\!\!O\!\!-\!\!CH_2\!\!-\!\!CH\!\!-\!\!CH_2N(CH_3)_3]^+Cl^-$$

$$(1\text{-}22)$$

叔胺与环氧氯丙烷反应后必须用真空蒸馏法或溶剂抽提法除去剩余的环氧氯丙烷或副产物（如1,3-二氯丙醇等），以避免与淀粉发生交联反应。发生交联反应会降低阳离子淀粉的分散性和应用效果。

② 生产方法。与叔胺烷基淀粉相比，季铵烷基淀粉的阳离子性较强，且在广泛的pH范围内均可使用，制备方法也备受重视，一般用湿法、干法和半干法制备，极少使用有机溶剂法。

湿法是目前使用最普遍的方法，一般的制备方法：将250mL的密闭容器（内有搅拌器）置于水浴中保持50℃，加入133mL蒸馏水、50g Na_2SO_4 和2~8g NaOH，完全溶解以后，加入81g淀粉（完全干燥），搅拌5min，加入8.3mL 3-氯-2-羟丙基三甲基氯化铵，反应4h，取代度达0.04以上，反应效率为84%。

干法一般是将淀粉与试剂混合，在60℃左右干燥至基本无水（<1%），于120~150℃反应1h得产品。干法的反应转化率较低，只有40%~50%，但工艺简单，基本无三废，且不必添加催化剂与抗胶凝剂，生产成本低；缺点是产品中含有杂质及盐类，难以保证质量。

③ 性质。阳离子淀粉与原淀粉相比，糊化温度大大下降；随取代度提高，糊液的黏度、透明度和稳定性明显提高。阳离子淀粉的重要特征是带正电荷，由于受静电作用的影响，阳离子淀粉对阴离子物质的吸附作用很强，且一旦吸附上就很难脱附。因造纸的纤维、填料均带负电，很容易被阳离子淀粉分子吸附，这种性质在造纸上尤其有用。

④ 应用。阳离子淀粉主要应用于造纸工业，所用淀粉取代度一般为0.01~0.07。阳离子淀粉因其带正电荷和黏结性较强，可作造纸时的内添加剂，这一点是阴离子淀粉所无法比拟的。例如，它作为造纸湿部添加剂，具有增强、助留、助滤等功效；还可用作纸的表面施胶剂和涂布的黏合剂。此外，阳离子淀粉可作纺织经纱上浆剂、无机或有机悬浮物的絮凝剂、环保净水剂、石油钻井用降失水剂；羟烷基化的季铵淀粉与其他配料混合可制得洗发香波[23]。

参考文献

[1] 国家木薯产业技术体系. 中国现代农业产业可持续发展战略研究-木薯分册 [M]. 北京：中国农业出版

社，2016.

［2］　陈光．淀粉与淀粉制品工艺学 [M]．2 版．北京：中国农业出版社，2017.

［3］　童丹，高娜．马铃薯变性淀粉加工技术 [M]．武汉：武汉大学出版社，2015.

［4］　曹龙奎，李凤林．淀粉制品生产工艺学 [M]．北京：中国轻工业出版社，2008.

［5］　刘亚伟．淀粉生产及其深加工技术 [M]．北京：中国轻工业出版社，2001.

［6］　陈严双．天然淀粉改性机制及应用概述 [J]．化工设计通讯，2021，47 (7)：165-166.

［7］　徐微，刘玉兵，张丝瑶，等．变性淀粉的制备方法及应用研究进展 [J]．粮食与油脂，2020，33 (9)：8-11.

［8］　赵文广，王凤，陈启杰，等．淀粉衍生物在纸基材料中的应用研究进展 [J]．造纸装备及材料，2022，51 (3)：1-3.

［9］　胡志伟，周鸿宇，刘友明，等．薯类淀粉种类对黄冈鱼面品质的影响 [J]．食品工业科技，2022，43 (22)：90-97.

［10］　王家胜，刘翀，王婷，等．天然马铃薯、木薯和玉米淀粉添加对发酵挂面品质的影响 [J]．食品工业科技，2022，43 (9)：40-47.

［11］　别平平，张子倩，梁逸超，等．变性淀粉在番茄酱加工中应用研究进展 [J]．现代食品，2022，28 (13)：4-10，19.

［12］　孟鑫，刘妍，田园，等．改性淀粉胶粘剂的研究进展 [J]．化学与粘合，2022，44 (3)：248-252.

［13］　孙剑平．木材用改性木薯淀粉胶粘剂的制备及性能研究 [D]．柳州：广西科技大学，2017.

［14］　徐聪，栗俊广，张旭玥，等．不同木薯淀粉对冻融魔芋葡甘聚糖凝胶特性的比较分析 [J]．现代食品科技，2022，38 (5)：145-151.

［15］　张伊宁．黄原胶和变性淀粉在提升方便面汤底口感中的应用 [J]．现代食品，2020 (13)：59-62，71.

［16］　袁满．α-淀粉酶强化交联木薯淀粉凝胶的机制研究 [D]．无锡：江南大学，2022.

［17］　郭颖，杜浩伟，李文博．预糊化木薯淀粉对微细粒赤铁矿选择性团聚特性研究 [J]．金属矿山，2022 (6)：88-93.

［18］　戴昊，张淑芬．木薯双醛淀粉的理化性质 [J]．食品工业，2020，41 (1)：200-203.

［19］　宁雨奇．机械活化酯化交联淀粉的制备及其在缓释肥上的应用 [D]．南宁：广西大学，2022.

［20］　韦爱芬，韦莉敏，朱鸿雁，等．三偏磷酸钠交联对羧甲基淀粉性能的影响 [J]．应用化工，2021，50 (10)：2745-2750.

［21］　任菲．木薯变性淀粉对乳清蛋白凝胶特性的影响 [D]．济南：齐鲁工业大学，2017.

［22］　张志广．高取代度阳离子淀粉制备与应用研究 [J]．华东纸业，2020，50 (3)：4-6.

［23］　才金玲，谢雅欣，王子苗，等．改性阳离子型淀粉絮凝剂的研究进展 [J]．应用化工，2022，51 (9)：2767-2773.

［24］　熊小兰，杨俊丽，栾庆民，等．乙酰化二淀粉磷酸酯的湿法制备及在食品中的应用研究 [J]．精细与专用化学品，2022，30 (1)：31-34.

［25］　Henry G，Westby A. Global cassava starch markets：Current situation and outlook1 [J]. Cassava′s potential in Asia in the 21st century：Present situation and future research and development needs：Proc eedings of the sixth Regional workshop，held in Ho Chi Minh City，Vietnam，Feb，21-25，2000.

［26］　Miller J B，Whistler R L. Starch chemistry and technology [M]. 3th ed. New York：Academic Press，2009.

［27］　Zia-ud-Din，Xiong H G，Fei P. Physical and chemical modification of starches：A review [J]. Critical Reviews in Food Science and Nutrition，2015，57 (12)：2691-2705.

［28］　Zhu F. Composition，structure，physicochemical properties，and modifications of cassava starch [J]. Carbohydrate Polymers，2015，122：456-480.

［29］　Wang Z Y，Mhaske P，Farahnaky A，et al. Cassava starch：Chemical modification and its impact on functional properties and digestibility，a review [J]. Food Hydrocolloids，2022，129：107542.

［30］　Karma V，Gupta A D，Yadav D K，et al. Recent developments in starch modification by organic acids：A review

[J]. Starch-Stärke, 2022, 74 (9-10): 2200025.

[31] Vanier N L, Halal S L M E, Dias A R G, et al. Molecular structure, functionality and applications of oxidized starches: A review [J]. Food Chemistry, 2017, 221: 1546-1559.

[32] Watcharakitti J, Win E E, Nimnuan J, et al. Modified starch-based adhesives: A review [J]. Polymers, 2022, 14 (10): 2023.

[33] Otache M A, Duru R U, Achugasim O, et al. Advances in the modification of starch via esterification for enhanced properties [J]. Journal of Polymers and the Environment, 2021, 29 (5): 1365-1379.

[34] Maniglia B C, Castanha N, Le-Bail P, et al. Starch modification through environmentally friendly alternatives: A review [J]. Critical Reviews in Food Science and Nutrition, 2021, 61 (15): 2482-2505.

[35] Ali T M, Hasnain A. Physicochemical, morphological, thermal, pasting, and textural properties of starch acetates [J]. Food Reviews International, 2016, 32 (2): 161-180.

第 2 章

蔗糖及蔗糖脂肪酸酯制备工艺学

2.1 制糖发展历史

从原始时期人类就已经知道从水果、蜂蜜等食物中摄取甜味，而后出现蔗糖等产品。中国的制糖历史大致分为三个时期，即早期制糖、手工业制糖、机械化制糖三个阶段。

（1）早期制糖时期

早期制得的糖主要有蔗糖、饴糖，饴糖占据主要的地位。饴糖主要是通过将麦芽磨成浆，再与原料淀粉相混合糖化而制成的。在约 3000 年前的西周时期，就已经出现制作饴糖的加工工艺，《诗经》中的"周原膴膴，堇荼如饴"即为佐证。然而早期关于制作工艺的文字记载出现较晚，东汉时期崔寔的《四民月令》大概是最早提及此事的。北魏贾思勰所撰写的《齐民要术》对饴糖的原料、制作方法、品种等方面都做了详尽的叙述，如"用粱米、稷米者，饧如水精色"对饴糖的原料进行说明[1]。饴糖在当时作为主要的食用糖，既可食用又可药用，在当时具有重要的影响。

（2）手工业制糖时期

历经百年，甘蔗制糖在手工制糖时期占据主要地位。在西汉时期，人们将甘蔗汁暴晒于阳光之下，得到稠厚的胶状糖浆，这种糖浆在当时还不能称为蔗糖，而称为蔗饴或蔗饧。随着甘蔗制糖技术的发展，到唐宋时期，开始形成颇具规模的作坊式制糖业。唐代时期引入印度先进制糖技术，进而提高了蔗糖质量，甘蔗制糖开始兴盛起来。欧阳修、宋祁等合撰的《新唐书》中有这样的记载："贞观二十一年，始遣使者自通于天子，献波罗树，树类白杨。太宗遣使取熬糖法，即诏扬州上诸蔗，柞沈如其剂，色味愈西域远甚。"由此可以看出唐代向印度学习制糖经验。今天的冰糖和白砂糖就是在那时开始出现的，以遂宁地区制作冰糖为例，当地居民广植甘蔗，其中十分之三用于制糖，可见在当时遂宁地区的居民中，绝大多数的就业与蔗糖有关。宋朝时期，汴梁等大城市已经有制糖的作坊，当时糖的产量有了显著提高并且普及到了平民，孟元老《东京梦华录》和周密《武林旧事》均有关于糖的记载。我国普遍以煮糖法制糖，煎、蒸相结合，工艺复杂，王灼所撰的《糖霜谱》对冰糖的原料、制作工艺、收藏之法记载详细。到元明时期，制糖工艺成熟定型，可以通过提色技术得到白糖，宋应星的《天工开物》详细叙述了制作白糖和冰糖的方法。

（3）机械化制糖时期

鸦片战争之前，糖是中国几大出口商品之一，当时中国是靠土法制糖。18世纪末至19世纪初是欧洲资本主义发展的时代，工业革命后，先进的科学技术给制糖工业的机械化提供了有利的条件，德国人发明了甜菜制糖技术，这种技术极大地推动了制糖工业的发展。19世纪初至19世纪60年代是机械化制糖的形成时期，新工艺设备不断出现，形成了新的技术。20世纪30年代，中国兴起机械化制糖热潮，但未形成机械化制糖工业体系，制糖业基本上还处于手工业阶段，1949年后，不断发展成为完整的现代制糖工业体系。在1978年党的十一届三中全会后，我国制糖业生产建设进入了历史上最兴盛的时期，直至今天还在不断发展着。通过政府的支持，广西、广东、云南和新疆四个基地的产糖量占全国总糖量的60%以上，成为稳定全国食糖生产供应的支柱力量[2]。

2.2 蔗糖、蔗糖脂肪酸酯的应用及广西蔗糖现状分析

2.2.1 蔗糖的应用

蔗糖是由一分子葡萄糖的半缩醛羟基与一分子果糖的半缩醛羟基彼此缩合脱水而成的二糖。蔗糖有甜味，无气味，呈无色晶体或白色粉末状，易溶于水和甘油，微溶于醇，不溶于汽油等有机溶剂。蔗糖及蔗糖溶液在热、酸、碱、酵母等的作用下，会产生各种不同的化学反应。蔗糖还可以在细胞中氧化分解并产生能量，为机体提供能量并维持体温。蔗糖被广泛应用于食品、医药、纺织等行业中，有着广阔的应用前景。

（1）食品行业

蔗糖在食品行业中应用广泛，在冰淇淋等食品中可起到甜味剂、膨松剂等的作用，增加膨胀率，使产品组织均匀和细腻。糖果生产中添加蔗糖不仅使糖果保持纯正稳定的甜味，还易于调色。面类制品中添加蔗糖可提高面团的吸水性和保水性，使面类制品蓬松、柔软并延长食品的保质期。蔗糖具有渗透作用，能抑制有害微生物的生长，在果酱、果冻、蜜饯等食物中添加蔗糖，可以延长食品的保质期[3]。

（2）医药行业

蔗糖在医学领域可作为药用辅料，其中广泛用作生物制品的冻干保护剂，如蛋白类抗体药物、激素类药物、脂质体类产品等。蔗糖相较于葡萄糖具有更好的保护效果，相较于海藻糖性价比更高，且工艺生产常会使用蔗糖，因此优先选择蔗糖作为冻干保护剂。蔗糖还可作为生物制品的低温保护剂，低温条件可以对细胞膜系统造成破坏，危害细胞的正常生理代谢，导致植株枯萎甚至死亡，而一定浓度的蔗糖溶液能够减少低温对植物的伤害。蔗糖用于保健品，还可生津止渴和补气血。人体烫伤、擦伤时，也可将蔗糖敷在伤口，抑制细菌繁殖，有助于伤口愈合。

（3）其他行业

相对于传统塑料，蔗糖生产出的生物可降解塑料只需要不到一年的时间就能降解，释放出的只有水和二氧化碳[4]。农业方面，选用蔗糖来培养植物组织，调节渗透压和减少

微生物的污染，还可以诱导植物的生长发育。经蔗糖改性的物质也在精细化工、纺织等领域具有广泛的应用。

2.2.2　蔗糖脂肪酸酯的应用

蔗糖脂肪酸酯又称脂肪酸蔗糖酯、蔗糖酯，是由亲水性蔗糖和亲油性脂肪酸经酯化反应生成的单质或混合物。因蔗糖含有 8 个羟基，因此经酯化可获得从单酯到八酯的各种产物[5]。蔗糖脂肪酸酯是一种绿色非离子表面活性剂，具有无毒、生物降解性较强等优异性能。蔗糖脂肪酸酯也具有良好的亲水亲油性和乳化性，通过改变酯化程度可对亲水亲油平衡值（HLB 值）进行调控，同时 HLB 值的大小决定乳化液的类型（W/O 型和 O/W型)[6]。蔗糖脂肪酸酯具有良好的稳定性能和抑菌性能，它对于改良产品、提高产品品质具有良好的效果，被广泛应用于食品、医药、精细化工、纺织等行业。

（1）食品行业

蔗糖脂肪酸酯在食品行业中常用作乳化剂、增溶剂、发泡剂、保水剂、润滑剂等。蔗糖脂肪酸酯作为表面活性剂能降低表面张力，有良好的乳化作用，根据 HLB 值的大小用于 W/O 型和 O/W 型乳化液中；作为抗菌剂，能抑制大肠杆菌等细菌的生长，增加食物保存时间[7]。在面粉生产中添加蔗糖脂肪酸酯，可防止机器与面、面与面之间的黏附和粘连，增加面团的韧性，在烹饪过程中，由于淀粉的析出，蔗糖脂肪酸酯还能进一步改善产品性质和质量[8]。

此外，蔗糖脂肪酸酯在饮料生产中使用，可以增加饮料的乳化稳定性，防止产生沉淀、分层、悬浮等；在糖果生产中用于提高原料的混合性和乳化性，防止油水分离，降低对包装纸的黏附性；在调味品中使用可防止粉末吸潮而黏结，改善流动性，使食品更容易分散；在巧克力生产中使用可抑制巧克力产生油脂分离、结晶和表面起霜，防止受潮、受热而变形；在肉制品生产中使用可改善制品均一性，使产品细滑爽口，并延长保存期，防止油脂分离。

（2）医药行业

蔗糖脂肪酸酯由于其良好的生物降解性、乳化和增溶作用，在医药领域也有广泛的应用。蔗糖脂肪酸酯可改善药物的崩解性能，可用作药用辅料，如润滑剂、软膏、乳液等[9]。蔗糖脂肪酸酯作片剂、润滑剂，改善流动性和减少粉末的粘连，并且使制品表面具有光泽，产率上升。O/W 和 W/O 乳液型软膏同时具有乳化和保湿作用，可洗性良好。蔗糖脂肪酸酯也可作激素类、消炎镇痛类、心血管类等药物使用，用于静脉注射剂和口服药物中[10]，当用于口服药物中时，能减少对胃肠道的刺激作用。蔗糖脂肪酸酯也适用于添加到栓剂中，改善加工性能，其产品外壳无龟裂发生；改善释放性能并可提高药物的生物利用率。蔗糖脂肪酸酯具有优良的生物降解性和低毒性，能够提高乳化效率和药物控释材料的稳定性和渗透性。

（3）日用化学品行业

蔗糖脂肪酸酯安全、无毒，对皮肤、眼睛和黏膜无刺激，且具有良好的生物降解性，所以也能应用于洗涤剂、化妆品等日用化学品中。在化妆品中可用作乳化剂和起泡剂，用于护肤品、洗发剂、清洁膏、牙膏、口红等中[11]。其优点在于保护皮脂膜，使油脂分散均匀；使皮肤柔嫩光滑，保持水分；改善化妆品的性能，延长保质期[12]。相对于由化工原料合成制备的离子型表面活性剂，蔗糖脂肪酸酯制备的洗涤剂安全无害，可完全降解，能去除大部分蔬菜、水果的农药残留以及衣服上的污渍等。

（4）其他行业

在纺织行业中，蔗糖脂肪酸酯可以作为各类织物的抗静电剂和柔软整理剂，也可作为匀染剂和纤维处理剂，使面料柔软光滑，对人体皮肤无害。在农业中，蔗糖脂肪酸酯除了可作为农药的分散剂和乳化剂，还可直接作为农作物的生长调节剂，以获得良好的增产效果[13]。

在塑料工业中，蔗糖脂肪酸酯可用作增塑剂、稳定剂、防湿剂等。在制糖工业中加入蔗糖脂肪酸酯，可以改善流动性，降低煮糖时间，从而降低能耗、提高操作效率和产率。在制作油墨过程中添加蔗糖脂肪酸酯可增加光泽度、提高流动性和涂抹均匀性。

2.2.3 广西蔗糖及蔗糖脂肪酸酯的现状分析

广西地处亚热带季风气候区，具有良好的地理位置和气候条件，是我国最适宜种植甘蔗的地区之一。自 20 世纪 90 年代以来，广西糖料蔗种植面积和食糖产量均占全国的60%左右。近年来，广西抓住机遇，其蔗糖产业得到快速发展，并成为支柱性特色产业。2010 年全自治区糖料蔗种植面积达 1000 万～1200 万亩（1 亩＝666.67m²），总产量约6000 万吨，占全国总产量的 60% 以上，年销售收入为 450 亿元。2019—2020 年榨季，广西糖料蔗种植面积稳定在 1100 万亩以上，食糖产量为 604 万吨；2020—2021 年榨季，广西全自治区已有 58 家糖厂收榨，产混合糖 604.62 万吨，食糖产量连续三年稳定在 6000万吨以上。到 2022 年为止，蔗糖产量连续 18 个榨季占全国的约 60%，其中崇左占广西的约 35%、占全国的约 22%，是广西乃至全国蔗糖生产第一大市。崇左甘蔗种植面积稳定在 400 万亩以上，种蔗人口达到了 120 万人。

经过多年的发展，广西蔗糖产业做大做强，为广西脱贫攻坚作出重大贡献。糖料蔗种植业成为广西最大的脱贫产业，促进了广西边境民族地区安全和谐。而且广西蔗糖产业带动了食品、医药、交通运输等产业的发展，共同促进了广西经济的发展。"十三五"时期，蔗田建设成效显著，生产基础设施条件大幅改善。截至 2020 年底，高产高糖糖料蔗基地（以下简称"双高"基地）建设 504 万亩，超额完成国家下达的目标任务，实现规模化经营目标。产业转型升级发展，特色红糖、冰糖、甘蔗浓缩汁、糖果等近 20 个产品实现了产业化生产，制糖的副产品也得到高效利用。同时广西扎实打造集糖业精深加工、糖品交易、糖业科技示范展示、仓储物流、产业数字化展示等多功能于一体的糖业转型升级核心平台。先进的工艺技术得到广泛的应用，制糖生产"自动化、智能化、数字化"水平显著提升，物联网、北斗卫星定位系统、遥感技术等现代信息技术成功应用于甘蔗收割、仓储物流管理等方面。

目前，广西蔗糖产业仍然面临着严峻的挑战。国际食糖供大于求，国内食糖生产供应不足与糖企产能过剩等潜在风险日益增大。广西蔗糖生产成本较高，且产品品种单一、附加值低，产品市场竞争力较弱，产业大区转型升级压力加剧。

　　围绕广西糖业发展现状[14]，人民代表大会代表（简称人大代表）韦朝晖提出建议，即推动糖产业链优化升级，把广西的糖产业做大做强。科技的创新促进全产业链技术装备升级，降低蔗糖生产成本并且提高产品效率，借助信息技术实现糖业的发展。加大资金投入，鼓励多元化投资主体参与糖业全产业链发展，落实国家糖料蔗生产保护区政策，巩固广西糖业传统优势产业地位，加快淘汰落后产能，确保国内食糖稳定供应和产业安全。

2.3　蔗糖的生产

2.3.1　原料来源

　　甘蔗原产于印度，现广泛种植于热带及亚热带地区。甘蔗种植面积最大的国家是巴西，其次是印度，中国位居第三，种植面积较大的国家还有古巴、泰国、墨西哥、澳大利亚和美国等。我国甘蔗生产区域分布很广，跨越热带、亚热带和温带，大部分是在年平均温度为 20℃ 的等温线以南、最低温度不低于 0℃ 的地区，其温度、日照、雨水、空气等自然条件都有利于甘蔗生长，具备四季种植、全年生长的自然条件。长江以南十多个省区都有种植甘蔗，我国甘蔗生产县主要分布在广西（产量占全国 60%）、广东、台湾、福建、四川、云南、江西、贵州、湖南、浙江、湖北等省（自治区）。我国北方部分地区也可以种植甘蔗，但只在辽宁、河北、山东、天津的部分地区种植成功[15]。

　　甘蔗属禾本科多年生植物，其中甘蔗的茎是制糖的原料。蔗茎以直径大小分为大茎、中茎和小茎，3.0cm 以上为大茎，2.5～3.0cm 为中茎，2.5cm 以下为小茎。蔗茎的颜色有红、黄、绿、紫红等几种，随品种和种植环境不同而异。甘蔗的成分主要包括水、纤维素、蔗糖、还原糖及其他非糖物质。甘蔗成熟时，蔗糖成分高，非糖成分低，因而纯度较高，同时水分降低，纤维素成分也提高。成熟的蔗茎，除梢部外几乎不含还原糖。然而，蔗茎内贮藏的糖分不是固定不变的。如果不及时收获，在一定条件下，蔗糖会重新转化为还原糖供植株所用，这就是过熟"回糖"现象。此外，甘蔗收后堆放过久，蔗糖也会因微生物和呼吸作用而转化为还原糖。有病虫害或不新鲜的甘蔗中，还存在少量的醋酸，本来带微酸的蔗汁，此时 pH 值会更低。在酸性介质中及微生物的作用下，蔗糖也会转化为还原糖，一些非糖物质则转变为有害的胶体。因此甘蔗不能贮存过久，制糖最好采用成熟和新鲜的甘蔗。

2.3.2　生产工艺流程

　　甘蔗制糖的工艺流程主要包括预处理、压榨提汁、清净、蒸发、煮糖、干燥、包装等七个过程。主要工艺流程图如图 2-1 所示。

2.3.2.1　预处理

　　甘蔗预处理是在提汁前将甘蔗破碎的过程。甘蔗经过运送、起卸、称重后，由卸蔗台均匀地卸送到输蔗机上，用切蔗机、撕裂机等破碎设备，将甘蔗斩切撕裂成丝状细片的料蔗，其目的是将甘蔗的细胞膜破坏，并使蔗料密度增大，以利于提汁。

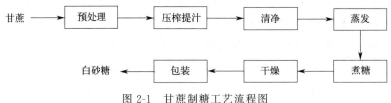

图 2-1 甘蔗制糖工艺流程图

（1）预处理的作用

预处理的目的是将较坚硬的蔗皮和蔗节破碎，使蔗茎的纤维组织撕解、糖分细胞充分破裂，以便于将其中的糖分提取出来。预处理有如下作用：

① 增大甘蔗处理量。经过预处理的甘蔗，成为片状、丝状等较细碎的蔗料，它们互相交叠，间隙较小，单位体积的质量增大，而且蔗层较平整，因而压榨机每单位时间可压榨的甘蔗量比未经破碎的整根甘蔗增加很多。幼细的丝状蔗料交织成为较均匀而且连续的蔗层，较易被压榨机吸入，并有利于减轻设备负荷和安全生产，减少动力消耗。

② 提高糖分抽出。蔗料经破碎处理后，其中含糖汁的细胞部分破裂，在压榨机的挤压作用下，能将更多的糖分提取出来，同时有利于发挥渗浸和浸淋作用，即加入水或稀汁较易将蔗料中的糖汁稀释和浸洗出来。疏松的蔗层也有利于抽出蔗汁，因而能提高糖分的抽出率。因此，蔗料的破碎程度越高，糖分抽出率也越高。

（2）预处理的方法

甘蔗预处理通常采用斩切、撕裂、锤击和压碎等几种方法，要求糖分细胞的破碎度高和蔗料的破碎形态好。破碎后的蔗料以呈细长丝状为佳。若破碎的形态不好，糠状或粒状蔗料多，则蔗层的疏水性能差，会导致渗透效果不良，不利于压榨机入料及排汁，影响处理量和糖分抽出率的提高，因此要选择恰当的预处理方式。

（3）甘蔗破碎设备

甘蔗破碎设备主要有切蔗机、撕裂机和切撕机等。我国压榨法糖厂多采用切蔗机，近年来逐步推广一种破碎效能较高的切撕机；渗出法糖厂多采用撕裂机。国外的糖厂还较普遍采用摆锤式等重型的撕裂机，以提高甘蔗的破碎度。甘蔗破碎机械的组合应适应糖厂的生产规模，以保证破碎质量（破碎度和蔗料形态），减小动力消耗，进而获得最经济合理的效果[16,17]。

为了提高甘蔗的破碎度，通常采用分级破碎的方法。因此，国内糖厂常采用两台切蔗机进行破碎。第一台浅斩，起粗碎和理平的作用；第二台深斩，起细碎作用。过去切蔗机都是加转的，其破碎度一般为 35%～50%，最好的可达 55% 左右，现在普遍推广的转切蔗机，其破碎效能较高。一些糖厂采用顺、逆转切蔗机各一台或者两台逆转切蔗机的组合，还有采用三台切蔗机的。国外的糖厂为了提高破碎度，也有采用两台或者多台切蔗机加一台撕裂机的组合。

切蔗机是甘蔗糖厂原料处理车间甘蔗预处理设备中应用最广泛的一种。甘蔗经过切蔗机斩切后破碎成小片或丝状，增大蔗层密度，同时甘蔗的细胞破裂也有利于提取蔗汁，因此，切蔗机对蔗料进入压榨机、提高蔗量及抽出率均有重大影响。切蔗机主要由刀盘、盖板、蔗刀、轴、轴承、联轴器及传动装置等组成。为了防止切蔗时蔗片及蔗屑飞散、增大破碎率及保障安全性能，切蔗机顶部设计有罩盖，罩盖的上下可调整入口和出口间隙，同时切蔗机入口处装有成排的活动小挡板。

甘蔗撕裂机的作用是把甘蔗的纤维破碎撕裂成细长的丝状。它比切蔗机的破碎效能要高得多。国外糖厂普遍采用撕裂机，国内中小型渗出法糖厂也应用撕裂机。它的工作原理是利用机内两种部件构成一个破碎缝隙并产生相对运动，甘蔗在缝隙中受到搓剪、锤击或压碎，被撕裂成细长的丝状碎料。撕裂程度主要决定于破碎缝隙的大小、剪切相对速度和入料方式等条件。国内的撕裂机主要有刀片式、摆锤式，国外有超重荷式、汤加式等。撕裂机通常与切蔗机组合使用，甘蔗破碎度可达 85%～93%。

切撕机是我国糖业界参考国外经验，结合我国甘蔗纤维的特性，经过不断地摸索试验而研制成功的一种高效破碎设备，由转子、外壳、蔗刀、活动入口闸板、后砧板组合而成。

2.3.2.2　压榨提汁

压榨法提汁在我国已有 2000 多年的历史，明代宋应星所著的《天工开物》中有较详细的介绍。现代的压榨法提汁是将甘蔗经过多重压榨，并在压榨过程中加入稀汁和水，以充分提取蔗料中糖分的。

甘蔗压榨就是将预处理过的蔗料用压榨机进行压榨，压出蔗汁的过程。其主要原理是将斩切成丝状与片状的蔗料投入压榨机，使充满蔗汁的甘蔗细胞的细胞壁受到压榨机辊和油压的压力而破裂，蔗料被压缩和细胞被压扁的同时排出蔗汁；并借助于渗浸系统将从压榨机排出且开始膨胀的蔗渣进行加水或稀汁渗浸，以稀释细胞的糖分，提取更多的蔗汁。

蔗料相继通过几座三辊压榨机被反复压榨。在蔗料进入末座压榨机之前加水渗浸。掺加的水称为渗浸水，一般用量为甘蔗量的 15%～25%。从末座榨出的汁称为末座榨出汁，它随即被泵入前一座压榨机作为渗浸液，渗浸进入该座压榨机的蔗料，所榨出的稀汁再作前一座压榨机的渗浸液，如此直至第二座压榨机，这就是糖厂普遍使用的复式渗浸法。由第一座及第二座压榨机压出的汁合并成混合汁，然后进行清净处理。从末座压榨机排出的蔗料称为蔗渣，蔗渣中水分含量为 45%～50%，糖分含量为 1%～4%，纤维含量为45%～52%，可溶性固体含量为 1.5%～6%。蔗渣送锅炉作燃料，或另作其他工业原料。衡量提汁方法的提糖效率用糖分抽出率，其定义为从甘蔗中已被提取的蔗糖对甘蔗中蔗糖的质量百分数。甘蔗糖厂糖分抽出率在 92%～97% 之间。

压榨提汁主要设备包括切蔗机、压榨机、驱动装置、渗浸系统及相应的输送设备。切蔗机由蔗刀及驱动装置组成。三辊压榨机由 3 个辊子及机架构成，压榨机的辊被装嵌成三角形，视其所处位置分别称为顶辊、前辊和后辊，顶辊与前、后辊间有一定的间隙，3 个辊的轴端带有传动齿，由原动机如电动机、汽轮机或蒸汽机经减速装置驱动顶辊，从而使3 个榨辊以一样的速度转动。

甘蔗糖厂生产能力是以糖厂每日压榨甘蔗质量（吨）来表示的。处理甘蔗的能力与压榨机座数、甘蔗破碎度、压榨辊直径与长度、辊子转速、甘蔗纤维分和对糖抽出的要求等因素有关。通常，糖厂采用 4～6 座压榨机组成一压榨机列，亦有采用 2 列、3 列，以适应生产的需要。

蔗汁的化学成分随甘蔗的化学成分、甘蔗收获后存放时间和环境等不同而变化。自20世纪80年代后期以来，甘蔗提汁技术一方面倾向于加强甘蔗预处理，使破碎度提高到70%～80%，即注重采用两个高位入料槽或者两个压力入料辊（又称齿状入料辊）与传统的三辊压榨机组成五辊压榨机，以强化压榨机的入料，并进行预压缩，从而提高压榨机生产能力；另一方面在渗浸工艺上，又在复式渗浸系统的根底上，采用压榨机压出来的稀汁的大部分回流到本座压榨机，在不增加渗浸水量的前提下增加渗浸液量，使蔗渣含液量到达饱和，呈饱和渗浸，充分渗浸与稀释蔗料的残留糖，达到进一步提高糖的抽出率的目的。压榨法处理甘蔗耗用钢材与电力较多，但它具有适应性强、技术管理方便和运行可靠等优点，迄今仍是甘蔗提汁的主要方法。

2.3.2.3 清净

由压榨提汁工段送来的蔗汁称为混合汁，其锤度一般在15%左右，即在100kg蔗汁里，大约有15kg固溶物，其余85kg是水。在固溶物中，蔗糖量占80%以上，其他则为还原糖、有机和无机非糖杂质，因此必须经过多道工序来进行蔗汁的处理，才能保证下道工序的顺利进行。蔗汁清净的目的就是尽可能清除汁中的非糖杂质，同时使蔗糖和还原糖等尽量地保存下来。因此必须了解蔗汁中各种成分的性质，并针对它们的性质采取不同的清除方法，即通过合适的清净工艺条件来达到良好的清净目的。

混合汁中主要有蔗糖、还原糖、非氮有机酸、含氮有机物、高分子有机化合物、蔗脂和蔗蜡以及色素。其中蔗糖作为制糖过程的提取对象，生产过程中必须避免它的损失。各产糖国家用甘蔗生产白砂糖、粗糖的通用清净方法主要有亚硫酸法、石灰法和碳酸法。

（1）亚硫酸法

本法适用于生产质量较好的白砂糖，但其清净流程比石灰法长，使用石灰量也较多（CaO用量约为甘蔗的0.14%），并用相当量硫黄燃烧成为SO_2以中和过量的石灰，而得到接近中性的清糖汁。本法的清净效果比石灰法好，一般采用灰、硫同时加入热蔗汁的流程，亦有将蔗汁先经预加灰和磷酸处理，然后进行加灰、硫熏中和处理的流程。蔗汁经过中和处理后随即加热（温度100～102℃），最后经沉淀、过滤工序取得清糖汁。

亚硫酸法采用食品级氧化钙和二氧化硫为主要清净剂（图2-2）。混合汁经预灰、一次加热、硫熏中和、二次加热后入沉降器，分离出清净汁和泥汁。泥汁经过滤得滤清汁，它与清净汁混合再经加热、多效蒸发成糖浆，糖浆经硫熏得清糖汁以供结晶用。亚硫酸法工艺原理主要是利用亚硫酸与钙离子反应生成亚硫酸钙来吸附蔗汁中的色素、加热凝聚胶体物质来加速沉降、调节中和pH值达到某些非糖物的凝聚点而生成沉淀，即通过化学和物理化学作用以达到清净的目的。预灰与一次加热对蔗汁中微生物的繁殖亦会起到抑制的作用。

亚硫酸具复原性，是一种漂白剂。它把色素暂时还原成无色物质，当与空气长期接触又会渐渐呈色，这就是亚硫酸法制得的白砂糖放置时间较长会变黄的原因之一。蔗糖在酸性条件下会水解成葡萄糖与果糖等分子混合物，它们合称为转化糖。由于其具还原性，制糖工业中又称其为还原糖。还原糖在酸性溶液中稳定，在碱性溶液当温度较高时会迅速

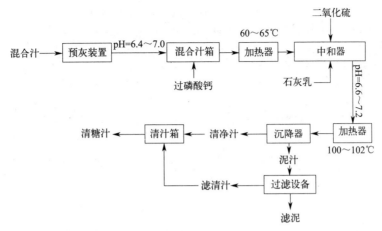

图 2-2 亚硫酸法工艺流程图

分解，生成有机酸如己糖二酸、葡糖酸等深色的络合物，这些物质不易除去且影响产品颜色。控制调节糖浆硫熏过程的 pH 值，可以防止结晶时还原糖分解而增加色值，并利用亚硫酸的漂白作用降低色值和黏度。

在亚硫酸法流程中，通常用磷酸作辅助清净剂，它与石灰作用形成絮凝状的沉淀，对局部非糖物质和色素具有较强的吸附作用。制糖工业界普遍认为，混合汁中含有五氧化二磷 1021～1409mol/L，清净可获良好的效果。

絮凝剂是一种能起絮凝作用的人工合成的聚合电解质，它是一类高分子化合物，常用的有聚丙烯酰胺，分子量在 200 万到 2000 万左右。它的用量极少，120mol/L 左右便足以促使粒子聚成粗大的絮状团粒，加速沉降及过滤。2002—2021 年，糖厂广泛采用一种新工艺，即在亚硫酸法流程的基础上应用絮凝剂，利用蔗汁在碱性条件下能大量析出胶体、色素和部分无机盐的原理，以气浮分离技术先使凝聚的粒子上浮而除去大部分非糖物质，然后将它的碱性清汁用磷酸中和后入沉降器，所得清净汁的色值比原亚硫酸法降低 30％～40％，从而提高白砂糖品质。利用气浮分离技术，对亚硫酸法糖浆进行清净处理，同样可达到提高糖浆品质、提高白砂糖品质的目的。

亚硫酸法具有工艺流程较短、设备较少和清净剂用量较节省等优点，所以在国内大、中、小型甘蔗糖厂中被广泛使用。但是亚硫酸法比用碳酸法生产的白糖在洁白度和产糖率等方面都要差。

（2）石灰法

石灰法仅适用于粗糖或赤砂糖的生产（图 2-3），其特点是清净流程较短、设备及操作都比较简单、生产过程所用石灰量较小（CaO 用量约为甘蔗的 0.05％～0.08％）。蔗汁加灰后，经加热、沉淀、过滤而得清糖汁。本法的清净效果较低，但可省去硫熏中和的工序，投资费用较省。石灰法以石灰为主要清净剂，将混合汁预灰至 pH 为 5.2～5.6，加热至 60～70℃，然后加灰中和至 pH 为 7.2～7.4，再加热至 100～102℃，入沉降器分离出清净汁与泥汁。泥汁过滤得到的滤清汁与清净汁混合，经多效蒸发得清糖汁以供结晶用。

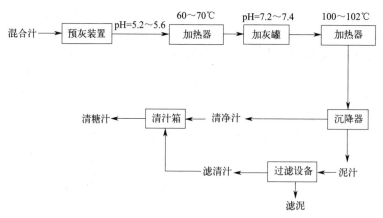

图 2-3　石灰法工艺流程图

（3）碳酸法

碳酸法是以石灰和二氧化碳为主要清净剂的蔗汁清净法，其工艺流程如图 2-4 所示。混合汁经一次加热、预灰，然后在掺加过量的石灰乳的同时通入二氧化碳进行一次碳酸饱充，使产生大量钙盐沉淀，随即加热、过滤得一碳清汁；再经第二次碳酸饱充，然后加热、过滤，得二碳清汁，又经硫熏、加热、蒸发成清糖汁；最后通过硫熏使 pH 降至 5.8～6.4，供结晶之用。

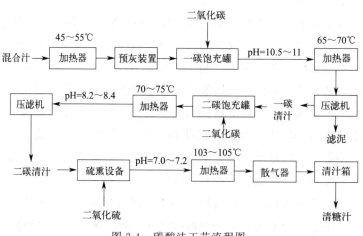

图 2-4　碳酸法工艺流程图

碳酸法工艺原理主要是利用一碳饱充过程反应生成的大量碳酸钙粒子对胶体、色素及其他非糖分的良好吸附作用，达到降低色值和提高清汁纯度的目的。但由于蔗汁含还原糖较多，为了防止在高温或强碱条件下分解，一碳饱充中加石灰量为蔗汁的 1.5%～2.0%，适宜的 pH 为 10.5～11，饱充碱度为 100mL 蔗汁含 0.03～0.05g CaO。随后的二碳饱充控制 pH 为 8.2～8.4，二碳饱充是通过通入 CO_2，尽可能使一碳清汁中的石灰和钙盐完全地沉淀溶解，并吸附局部杂质和色素，进一步提高清汁的质量。二碳清汁通入 SO_2，使清汁在接近中性的条件下蒸发成清糖汁，以防止还原糖被破坏而增加色值，同时清糖汁的黏度也降低。这一工艺作用不能以在二碳饱充时通入过量的 CO_2 来达到，因为这样会增加钙盐含量和影响清净效果。碳酸法糖厂均备有石灰窑，石灰石在窑中煅烧产生的 CO_2 和 CaO 供该法生产工艺所需。

碳酸法的清净效果优于亚硫酸法，所除的非糖物质比亚硫酸法多，总回收率也比较高，且所制得的成品糖的纯度较高、色值较低、能久贮不致变色。但是碳酸法也有一些缺点，如工艺流程比较复杂、需用机械设备较多；还要耗用大量石灰和二氧化碳，因而生产成本较高。特别是在糖厂离石灰石产地较远的地区，碳酸法的推广受到一定的限制。

2.3.2.4　蒸发

蒸发工段的任务是把清净后的糖汁浓缩成糖浆，同时为其他工段提供热源——汁汽。从甘蔗提取出来的蔗汁一般含水 85% 左右。蔗汁经清净处理后成为清净汁（简称清汁），其浓度为 12°Bx（即含水 86%～88%）。如将含有大量水的清汁直接送去结晶煮糖，则要消耗大量蒸汽，既浪费能源，又延长了煮糖时间。因此，清汁必须经过蒸发工序，帮助加热蒸发，除去大量的水，使之成为浓度为 60～65°Bx 的糖浆，才能适应结晶的需要。

蒸发工序需要蒸发的水分为甘蔗质量的 65%～80%，因此需要消耗大量的蒸汽，同时也产生大量的二次蒸汽。这些二次蒸汽可供蔗汁加热、煮糖使用。因此，蒸发工序既是蒸汽的消耗者，又是低压蒸汽的供应站，故有糖厂"第二锅炉"之称。

糖厂热力系统是否合理，在很大程度上取决于蒸发热力方案是否合适。为了节约能源，蒸发站要全面抽取汁汽供加热和煮糖使用，并尽量回收热水，将不同质量的蒸汽冷凝水分别用作炉水和工艺过程用水等。一般来说，第一效蒸发罐汽鼓排出的蒸汽冷凝水质量较好，可送回锅炉使用；其他各效罐的蒸汽冷凝水则作为工艺用水。在保证水质的前提下，第二效汽鼓排出的蒸汽冷凝水可作为入炉水的补充水源。由此可见，蒸发工序是糖厂热力系统的分配中心，它对于减少蒸汽用量、降低煤耗和提高经济效益起着重要的作用。

糖汁在蒸发过程中，将发生一系列的化学变化，例如蔗糖转化、焦化、还原糖分解和非糖分析产生积垢等。这些变化将给糖浆的质量、糖分的回收以及蒸发的效能等带来不利的影响。因此，蒸发操作必须严格按照工艺要求来进行控制。

（1）蒸发原理

从分子运动学可知，当溶液受热时，分子运动的动能增大，当溶剂分子的动能超过分子间的吸引力时，就成为气体从液面上逸出。这种由液态变为气态的过程称为气化。温度越高，气化分子越多，蒸气压越大。在蒸气压等于外界压力时，液体即沸腾，这时的温度称为沸点。

溶液沸腾生成的蒸汽若不及时排除，蒸汽与溶液之间便逐渐趋于平衡状态，蒸发就不能继续进行。所以溶液进行蒸发必须具备的条件是：不断供给热能和不断排除产生的蒸汽。糖厂多采用冷凝法除去糖汁气化产生的蒸汽；而采用水蒸气作热源，以间接加热的方式来蒸发糖汁。

（2）蒸发方法

① 真空蒸发和压力蒸发。蒸发过程可在不同压力下进行。在常压下进行蒸发时，可采用敞口设备，如土法煮糖就是在常压下进行蒸发的。在负压或正压下进行蒸发时，必须

采用密闭设备。在负压下进行的蒸发称为真空蒸发，在高于 1 大气压力（1atm = 101325Pa）下进行的蒸发称为压力蒸发。

目前糖厂常用的五效蒸发站的前两效是正压蒸发，后三效是真空蒸发；而三效压力蒸发站的各效罐均在正压下进行工作。真空蒸发时，糖液的沸点较低，可以减少蔗糖焦化和转化损失，减少还原糖的分解和色素生成。同时可以用低压乏汽作为蒸发罐的加热蒸汽。

压力蒸发时糖液的沸点较高，所产生的二次蒸汽温度也较高，可作其他热交换设备的热源，对减少糖厂的蒸汽用量有较大的经济意义。溶液温度高和黏度低均有利于传热。但温度高会增加蔗糖转化损失，并使糖浆色值增加。

② 单效蒸发和多效蒸发。从蒸发罐出来的二次蒸汽不再用于蒸发，这样的蒸发操作称为单效蒸发。若将多个蒸发罐串联起来，并用前一效汁汽作为后一效的热源，这种系统称为多效蒸发系统。

目前糖厂用多效蒸发来完成糖汁的浓缩。多效蒸发可分为真空蒸发和压力蒸发两种系统。真空蒸发系统以四效和五效最为普遍，压力蒸发系统则以带浓缩罐的三效压力蒸发为代表。以前甜菜糖厂一般采用压力蒸发，以节省蒸汽消耗量；甘蔗糖厂多用真空蒸发，以减少糖分损失和糖汁色泽加深。近来为了节省蒸汽和便于操作管理，甘蔗糖厂和甜菜糖厂多趋向于采用压力-真空的五效和四效带浓缩罐的蒸发系统。

清汁用离心泵送入预热器后进入第一效，汽轮机的乏汽作为加热蒸汽也进入第一效。当乏汽不足时，可用锅炉生蒸汽减压补充。

在第一效蒸发罐中，加热蒸汽通过加热管壁把它的潜热传给糖汁后凝结成水。糖汁受热沸腾，水分蒸发成汁汽。第一效汁汽进入第二效汽鼓作为加热蒸汽。第一效糖汁也进入第二效，糖汁和汁汽采用并流的方式，以免浓度较大的糖液受高温的影响，并使糖汁自动流入下一效而节省泵和电能。同样，第二效的汁汽和能量都分别进入下一效的汽鼓和气化室，依此类推。最后一效的精汁就是糖，将其排至糖浆箱。汁汽则逸至冷却塔，用水冷凝，不凝气体用真空泵抽出（或用水喷射冷凝器代替一般冷凝器和真空泵）。

各效蒸汽冷凝水分别通过自蒸发器进入热水贮箱，不含糖分的第一效的蒸汽冷凝水作为入炉水用，其他效的蒸汽冷凝水则作渗渍、糖蜜稀释等用水。从自蒸发器回收的自蒸发汽则进入下一效的汽鼓，作加热蒸汽用。

为了节省全厂蒸汽消耗量，一般均从各效抽取额外蒸汽作为加热器或结晶罐的加热蒸汽。

2.3.2.5 煮糖

（1）煮糖原理

① 晶核的形成。蔗糖有结晶性和溶解性。糖溶液中蔗糖呈分子状态，均匀地溶解于溶液中，且在不断地运动着。在一定的条件下，蒸发糖溶液除去水分子或增加糖分子，这时糖溶液浓度增加。当浓度增加到一定程度时，蔗糖分子和水分子任意地结合在一起，成为饱和的糖溶液。继续蒸发饱和的糖溶液除去水分子或增加糖分子，当溶液中的蔗糖分子数目大于该溶液在饱和状态能够溶解的蔗糖分子的数目时，该溶液就成为过饱和的糖溶

液。在过饱和的糖溶液中，蔗糖分子之间的距离相对缩短，分子与分子的碰撞机会相对增多，分子的运动速率也就相对减小，到一定的程度时就有一部分蔗糖分子互相聚集，成为固体形态的蔗糖晶体而析出，这就是"结晶"。最初析出的晶体称为"晶核"，这时原来的糖液就成为晶体与周围的糖液（生产上称为"母液"）的混合体。总之，溶解与结晶是蔗糖在溶剂中同时进行的两个相反过程。

② 晶核的增大。上述溶液若继续产生晶核导致过饱和，晶核就会继续增多。当过饱和度降低到不饱和时，已生成的晶核又会重新溶解，这称为"溶晶"。在低于晶核生成而高于溶晶的过饱和度时，蔗糖分子不断地向已形成的晶核表面沉积，并按晶体的形状，有规律地排列在晶核表面。当不断蒸发水或增加蔗糖分子（入料）来维持这种过饱和度时，晶核就不断增大。这就是煮糖的"养晶"过程。

在养晶过程中，晶体表面有一层很薄的液膜（镜膜）存在，晶体周围的蔗糖分子不断穿过镜膜，向晶体表面沉积，母液中靠近晶体的蔗糖分子不断减少，使离晶体较远的蔗糖分子相对多于靠近晶体的蔗糖分子，因此在母液中存在浓度差，这使得高浓度区的蔗糖分子向低浓度区移动，母液中蔗糖分子趋于平衡。一方面，蔗糖分子向晶体表面沉积使晶体增大，不断造成浓度差；另一方面，蔗糖分子由高浓度区向低浓度区移动，又使浓度趋于平衡。同时，不断地蒸发水分子及增加蔗糖分子（入料）能保持整个"母液"的蔗糖分子平衡，满足母液养晶浓度的需要，直到使晶体大小达到质量要求为止。实际上，养晶过程是蔗糖分子由平衡到不平衡，又由不平衡到平衡的相反而又相辅相成的过程。假如这两种作用不稳定，就会产生"伪晶"或"溶晶"的不正常情况。

③ 结晶过程的机理。结晶是一个复杂的过程，在此过程中既有热量传递，又有物质传递，同时还伴随着糖膏的循环。这些过程都包含着对结晶的推动力与阻力两个相反方向的影响，所以克服阻力或增加推动力都可以提高结晶速度。

（2）煮糖工艺

煮糖工艺流程包括蔗糖结晶的煮制、助晶、分蜜等。由于采用的煮糖工艺不同，流程也不相同。常用的三系煮糖工艺流程如图 2-5 所示。由蔗汁到制成糖浆的过程中，虽然在清汁过程经过了一系列化学和物理方法处理，除去了一部分胶体和其他非糖成分，但在蒸发时也沉积出了一部分积垢。同时，经过蒸发后的糖浆也大都呈微浑浊状，这是因为蒸发后不仅糖的浓度增高，非糖成分的浓度也大大增高，已超过溶度积的非糖成分析出积垢或悬浮微粒，而使得糖浆呈微浑浊状。所以，粗糖浆必须再经硫熏，有时还需再进行过滤处理得到清净糖浆，才能作为煮炼白砂糖的原料。然后将糖浆煮沸，蒸去其中的水，留下含蔗糖的固溶物，即可制成片糖（糖块）及糖粉。

2.3.2.6　干燥

一般情况下，自离心机卸下的白砂糖还含有 0.5%～1.5% 的水，必须经过充分干燥及冷却，才能装包和贮存。其原理就是在低于水的沸点温度下将物料中含有的微量水除去。砂糖的干燥，基本是以空气为介质，使空气流过砂糖表面，从而将砂糖中所含的水带走，砂糖干燥就是砂糖中的水向空气扩散的过程。

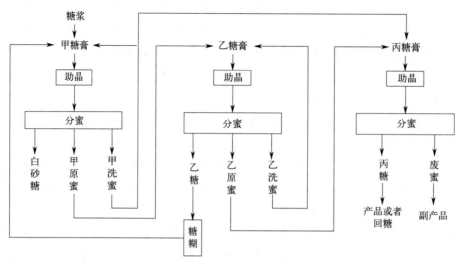

图 2-5　三系煮糖工艺流程图

（1）干燥原理

砂糖干燥过程的实质是将水从砂糖转移至空气中，实际上属于扩散过程。因此为使干燥顺利进行，必须使砂糖表面的蒸气压大于空气中的蒸气压，也就是说要保持扩散的推动力，才能使砂糖表面的水不断气化、砂糖中的水继续扩散到表面。

当砂糖与有一定温度和湿度的空气相接触时，若砂糖中的水不再随着与空气接触时间的延长而减少，则此时的水分即是砂糖在此条件下的平衡水分。当砂糖的水分接近平衡水分时，干燥即不再进行。砂糖的平衡水分因空气性质的不同而不同，因此，可用改变空气温度及相对湿度的方法来改变物料的平衡水分。在干燥过程中物料能被除去的水（即大于平衡水分的部分）称为自由水。

（2）干燥方法

干燥方法包括热空气干燥法和自然干燥法。

① 热空气干燥法。就是先将空气加热，以减少空气中的水分（即降低空气的相对湿度），降低空气的水蒸气分压，然后将热空气通入干燥机中，使其与湿砂糖接触，促使砂糖表面的水蒸发并将其带走。

② 自然干燥法。是一种自然冷却法。由于糖从分蜜机卸下时温度较高（约80℃），在输送过程中，热砂糖与周围的冷空气接触，砂糖的热量和部分水可同时被不饱和的空气吸收而带走，故可同时起到冷却和干燥的作用。

（3）干燥设备

糖厂对干燥设备的要求是能使干燥后的产品水分达到产品质量标准，即达到规定的干燥程度、干燥均匀、减少其晶体的磨损、保证产品具有一定的形状和大小等，同时设备结构简单，动力耗能小。

2.3.2.7　包装

成品糖的贮存方式有两种，一是包装贮存，二是散装贮存。贮存的方法不同，所采用的包装、输送设备及贮存仓库也不同，下面分别予以介绍。

（1）包装贮存

我国多数糖厂采用包装贮存砂糖。砂糖包装贮存需经历装包、缝包及输送入库等过程。装包时要求每包糖的质量准确，误差要小于 0.1%。生产中要定期对磅秤或自动秤进行检查和校正。所用的糖袋要有一定的规格和质量，要求其完好、干净、符合卫生标准、缝口紧密。糖袋外表面要印有产品名称、商标、生产厂名及质量等标记，且包内应装上产品合格证，包外要保持清洁，使用前应称重检查。

常用糖袋有草袋、麻袋、布袋、塑料薄膜袋及塑料编织袋等。过去一般用草袋包装赤砂糖，现在多用塑料编织袋包装。布袋或塑料薄膜袋常用作白砂糖的内袋，外面再套上一层麻袋或塑料编织袋。所用包装袋的层数由糖的品种和运输条件来决定。

每包赤砂糖的质量为 25kg 或 50kg，每包白砂糖的质量为 50kg 或 100kg。为了销售的需要，也可用塑料薄膜袋装成 0.5kg 或 1kg 的小包。对于精制砂糖，为了适应高级宾馆、餐厅的需要，一般先用小型塑料薄膜袋装成 5～20g 的小包，再装成大箱。

（2）装包方法

成品糖的装包方法有手工、半自动和全自动三种。目前各大、中型糖厂多采用半自动装包，还有个别小糖厂用手工装包。精糖的小包装则多采用自动装包机。各种包装方法如下所示。

① 手工装包。赤砂糖由离心机卸下后，经螺旋运糖机直接装入草袋或编织袋。准确称重后，手工缝好包口。由于赤砂糖黏性大，不容易漏糖，所以缝包时只需用双线直缝 7～10 针就可以。

白砂糖经筛选机落入储糖斗，将装有内袋的麻袋或塑料编织袋挂在储糖斗上，打开放糖闸门放糖。当质量接近于要求的质量时，关放糖闸门，并用手推车将糖包送到磅秤上准确称重，然后手工缝包。由于白砂糖容易漏出，所以要先将糖包卷口后再用双线缝成交叉十字形，最少要缝 10 针。为了搬运方便，常将糖包两角缝成角耳形。

② 半自动装包。为了解决手工装包、缝包慢及所需劳动力多的问题，各糖厂都在向自动称重、机械缝包方面发展。但因自动秤的准确度不高，故目前糖厂多采用半自动装包的方法。

赤砂糖的半自动装包：赤砂糖由离心机卸入水平螺旋运糖机后，经另一条倾斜运糖机进入大转中，由转盘下的 2～4 个装糖口进入事先装好的草袋或塑料袋中；当糖包接近要求的质量时，松下糖包，在磅秤上准确称重；由链板运糖机将其送到缝包机上，缝好袋口后由皮带运糖机送入糖包。

2.4　蔗糖脂肪酸酯的生产

蔗糖脂肪酸酯（sucrose ester of fatty acid，SE，或简称为蔗糖酯）是一种新型的多元醇型非离子型表面活性剂，是由蔗糖和脂肪酸或脂肪酸衍生物通过酯化反应制备的一类有机化合物，具有良好的表面活性、生物降解性能和毒理学性质[18]。通常所指的蔗糖酯是单酯、二酯及多酯所组成的混合物。蔗糖单酯和蔗糖三酯的结构式如图 2-6(a)、(b)所示，蔗糖分子一共含有 8 个羟基，其中 3 个是伯羟基，5 个是仲羟基，因此每个蔗糖分子最多可以同时与 8 个脂肪酸发生脱水缩合[19]，蔗糖的结构式如图 2-7 所示。接下来主要从原料来源、原料性质、合成方法等几方面进行阐述。

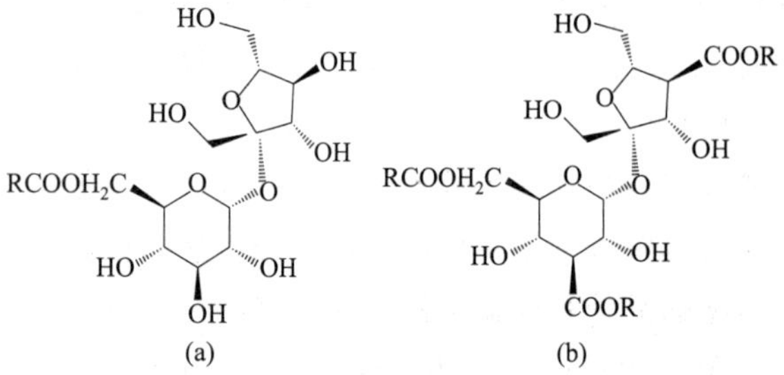

图 2-6　蔗糖单酯（a）、蔗糖三酯（b）的分子结构 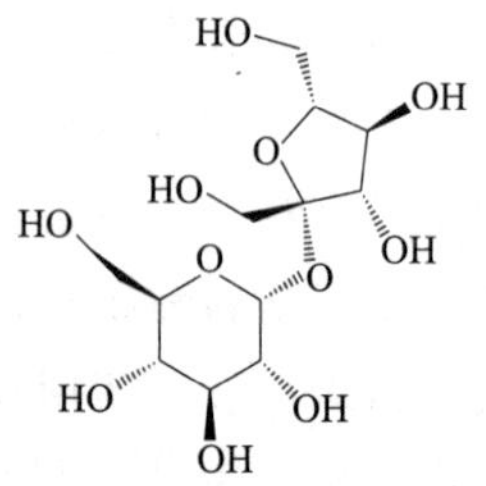　　　图 2-7　蔗糖的结构式

2.4.1　原料来源

合成蔗糖酯的主要原料是蔗糖和各种脂肪酸或脂肪酸衍生物。用于合成蔗糖酯的脂肪酸主要包括饱和脂肪酸和不饱和脂肪酸，其中饱和脂肪酸有癸酸、月桂酸、肉豆蔻酸、软脂酸（棕榈酸）、硬脂酸、辛酸、花生酸等；不饱和脂肪酸有油酸、亚油酸、亚麻酸、芥酸等。饱和的高碳链脂肪酸由于稳定性好，主要用于食品添加剂中，如由 C_{16} 以上脂肪酸生产的蔗糖酯可作为食品乳化剂；低碳或者中碳链的脂肪酸有苦味，不适宜用在食品方面，主要用于日化、农业、工业和医药等行业，如用于制备洗涤剂。

天然脂肪酸的生产原料是动物油和植物油。这两类油脂来自年复一年生长的相应植物和饲养的牲畜，因而近年来将其视为"可再生资源"进行了重新评价。这种认识的产生是源于石油价格同天然油脂的差距大为缩小，使国外开始大力开发动物油和植物油资源，并推进其在工业上的应用。

随着人们生活水平的提高，牛肉、猪肉等肉类的消费，无论在国外还是国内均在急剧增加，这就造成了动物油脂产量激增的局面。目前，动物油脂虽大部分作为食用，但越来越多的人了解到其含有不利于人体健康的胆固醇，这更加促进了它作为工业原料的优选性。

鱼油中的不饱和脂肪酸含量较高，容易酸败，致使其价格低廉。因此，只把它当作硬化油原料来使用。椰子油和棕榈仁油的主要成分是 C_{12} 的脂肪酸，是表面活性剂的重要原料，这种油料是生产水溶性高的蔗糖酯的优选原料。菜籽油的缺点是其中含有芥酸成分，经过品种改良，含芥酸少的菜籽油已有生产。用作蔗糖酯的重要油脂的脂肪酸组成如表 2-1 所示。

表 2-1　各种油脂的脂肪酸组成

油脂种类		所含脂肪酸的种类
植物油	豆油	亚油酸(51)，油酸(22)，棕榈酸(11)，亚麻酸(7)，硬脂酸(4)
	棉籽油	亚油酸(50)，油酸(18)，棕榈酸(22)，硬脂酸(2)，肉豆蔻酸(1)

续表

油脂种类		所含脂肪酸的种类
植物油	菜籽油(高芥酸型)	芥酸(46),油酸(17),亚油酸(13),顺-11-二十碳烯酸(10),亚麻酸(5),棕榈酸(4)
	菜籽油(低芥酸型)	芥酸(5),油酸(60),亚油酸(20),亚麻酸(10),顺-11-二十碳烯酸(2),棕榈酸(3)
	向日葵油	亚油酸(64),油酸(21),棕榈酸(6),硬脂酸(4)
	椰子油	月桂酸(44),肉豆蔻酸(16),棕榈酸(8),辛酸(8),葵酸(6),油酸(5)
	棕榈油	棕榈酸(42),油酸(38),亚油酸(9),硬脂酸(4)
	棕榈仁油	月桂酸(46),肉豆蔻酸(16),油酸(11),棕榈酸(8),葵酸(3),辛酸(3)
	巴巴苏油	月桂酸(42),肉豆蔻酸(15),油酸(12),棕榈酸(8),葵酸(5),辛酸(3)
	妥尔油	油酸(48),亚油酸(37),硬脂酸(3),其他(12)
动物油	猪油	油酸(41),棕榈酸(24),硬脂酸(13),亚油酸(10)
	牛油	油酸(44),棕榈酸(24),硬脂酸(19),肉豆蔻酸(3),棕榈油酸(3)
	鲱鱼油	油酸(24),棕榈酸(14),二十碳五烯酸(13),十八碳四烯酸(11),顺-9-十六烯酸(10),花生四烯酸(9),其他脂肪酸(19)

注：表中括号里的数值为每100g油脂含该脂肪酸的质量(g)。

作为一种非离子型表面活性剂，蔗糖酯的原料来源普遍，价格便宜，具有高 HLB 且 HLB 的范围宽，可以广泛应用于食品、医药、化工、石油开采、化肥、化妆品、制糖等工业中。

2.4.2　蔗糖脂肪酸酯的性质

2.4.2.1　蔗糖脂肪酸酯的物理性能

蔗糖脂肪酸酯的外观取决于脂肪酸取代羟基的类型。饱和脂肪酸取代的 SE 是白色和黄色的固体粉末，不饱和脂肪酸取代的 SE 是无色至微黄色的黏稠液体或软固体。

蔗糖脂肪酸酯具有旋光性，单酯具有右旋光性，其分子旋光度基本与蔗糖相同，而脂肪酸二酯的分子旋光度与蔗糖不一致[8]；其易溶于乙醇、丁酮、丙酮和其他有机溶剂中。

蔗糖脂肪酸酯熔点的高低取决于酯化度大小和其脂肪酸的链长，高温时蔗糖脂肪酸酯会发生焦糖化而发黑，温度高达到 145℃ 左右时最容易分解[20]。

2.4.2.2　蔗糖脂肪酸酯的化学性能

（1）亲水亲油性能

亲水亲油平衡值（hydrophile-lipophile balance value，HLB）是指表面活性剂中亲水基团与亲油基团之间的平衡值。蔗糖脂肪酸酯的 HLB 值是由脂肪酸碳链的长度、参与酯交换的糖的类型和羧基的数量决定的。当羧基保持不变时，脂肪酸碳链结合越少，酯化度越低，蔗糖脂肪酸酯亲水性越强，HLB 值越高，反之亦然[21,22]。通过蔗糖羟基的酯化反应，得到了具有不同 HLB 值（1～16）的一系列蔗糖脂肪酸酯。因此，准确地测试出蔗糖脂肪酸酯的 HLB 值有重要意义。测定蔗糖脂肪酸酯 HLB 值的方法很多，目前最常用的方法是 Griffin 法[23]。

（2）乳化性能

目前已知全世界使用量最大的乳化剂共有 5 种，蔗糖脂肪酸酯位于第 3 位，约占全部产品的 10%～15%[24]。亲油能力强的蔗糖脂肪酸酯，形成油包水型（W/O 型，HLB 值为 3～8）的乳液，可被应用于石油化工领域；亲水能力强的蔗糖脂肪酸酯，形成水包油型（O/W 型，HLB 值为 8～18）的乳液，可被应用于食品领域[25,26]。

（3）生物学特性

蔗糖脂肪酸酯具有良好的生物学特性，与皮肤接触后 pH 值不发生变化、不刺激眼睛和黏膜。谢德明等[27] 利用小白鼠测试了蔗糖脂肪酸酯的毒性，发现蔗糖脂肪酸酯是安全、无毒的。Doyle[28] 发现在短时间内蔗糖脂肪酸酯可被自然界的微生物分解，可用于降低土壤矿化率。因为蔗糖脂肪酸酯的酯键是由非极性分子紧密结合在一起的[29]，所以进入肠胃后不易消化吸收，也不能被脂肪酶水解。

（4）起泡性能

起泡性能是指表面活性剂能够产生泡沫的能力，稳定性是指产生的固体泡沫停留在空气介质中的时间[30]。Husband 等[31] 研究实验结果中发现蔗糖脂肪酸酯的起泡性能强弱主要还与其物质组成、成分、配比高低及纯度高低等相关，二酯的起泡能力低，因此在任何一个蔗糖单酯-二酯体系组合物中，增加单酯含量或者减少二酯含量，体系的起泡性能会出现明显增强[32]。

2.4.3 蔗糖脂肪酸酯的合成及生产工艺流程

2.4.3.1 蔗糖脂肪酸酯的合成方法

蔗糖脂肪酸酯的合成方法以化学合成法和生物酶法为主。其中生物酶法研究仅限于实验室，而化学合成法已实现工业化生产。化学合成法又分为酯交换法和直接酯化法，其中酯交换法是目前研究得最多的方法。

2.4.3.1.1 化学合成法

（1）酯交换法

酯交换法是在催化剂的作用下，将蔗糖和脂肪酸酯化，产生蔗糖脂肪酸酯和相应的醇类[33] 的一种方法，反应温度很高，由此产生的醇类副产物可以蒸发除去，从而有利于正向反应。酯交换反应的一般反应式如图 2-8 所示[34]。

$$C_{12}H_{22}O_{11}+R^1COOR^2 \longrightarrow C_{12}H_{21}O_{10}—OOCR^1+R^2OH$$

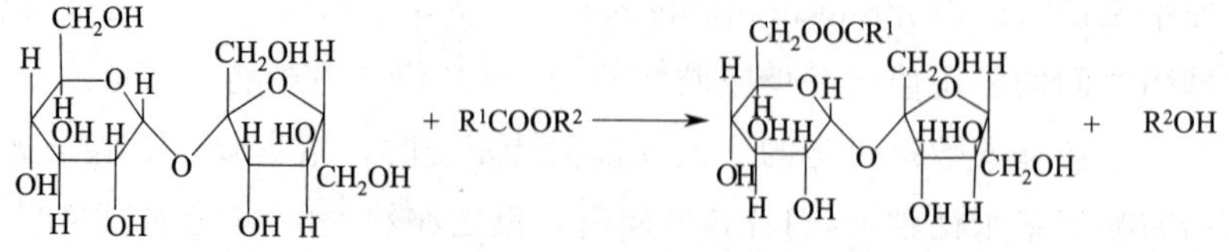

图 2-8　酯交换反应通式

酯交换法根据工艺条件不同又可以分为溶剂法、丙二醇酯法、水溶剂法、微乳化法和无溶剂法。

① 溶剂法。溶剂法以脂肪酸低碳醇酯和蔗糖为原料，采用有机溶剂、丙二醇为反应溶剂[35]，在碱性催化剂或阳离子交换树脂的作用下，经酯交换反应合成蔗糖脂肪酸酯。根据使用溶剂的不同，可具体分为有机溶剂法、丙二醇法和水溶液法。

a. 有机溶剂法。是目前合成蔗糖脂肪酸酯的常用方法之一，也是研究最早的酯交换法。在有机溶剂法中，以二甲基甲酰胺（DMF）或二甲基亚砜（DMSO）为溶剂、K_2CO_3 为催化剂[36]，在减压加热条件下蔗糖与脂肪酸甲酯进行酯交换反应合成蔗糖酯。其中可添加助溶剂（低碳烷基苯）以提高反应速率。

最典型的工艺是将蔗糖溶于 DMF 中加脂肪酸（一般用硬脂酸）甲酯和催化剂 K_2CO_3，在减压加热（约 $1.2×10^4Pa$ 和 100℃）条件下进行酯交换反应 3～5h，同时馏去甲醇，反应结束后除去溶剂和未参与反应的原料，并在乙醇中重结晶后干燥粉碎。本法工艺简单，反应条件温和，蔗糖不会焦糖化，脂肪酸甲酯的转化率高（>95%）。但溶剂 DMF 价格昂贵、易燃、有毒且产品纯化较难，因此随后又出现了以二甲基亚砜（DMSO）、苄胺、环己胺等取代 DMF 的方法。催化剂除 K_2CO_3 外还有硬脂酸钾、$KHCO_3$、NaOH、$NaHCO_3$ 等。由于甲醇有毒，因此以脂肪酸乙酯、丙二醇酯等代替脂肪酸甲酯。此外，添加助溶剂如二甲苯的各种同分异构体、乙苯、丙苯、甲乙苯和二乙苯可使反应时间缩短、催化剂用量减少、皂生成量减少，同时减少了溶剂损失和副反应。因为不能完全除去蔗糖酯中的有毒溶剂 DMF，所以食品级蔗糖酯不能用此法合成[37]。

有机溶剂法的优点是借助有机极性溶剂，使反应原料能够充分溶解于溶剂中，反应更充分；该法操作简便，合成快，反应温度较低，从而蔗糖不易发生焦糖化，终产物中不仅有蔗糖单酯，还包括二酯、三酯等，酯化产率高，试剂可回收重复利用。但有机极性溶剂具有一定的毒性，沸点高且不易除去，需要建立一套完整的无污染生产体系；应用于食品中的蔗糖酯需要进一步纯化检测，产品纯化难。此外，有机溶剂往往价格高昂，提升了生产成本[38]。

b. 丙二醇法。碱性条件下，将蔗糖、乳化剂等原料溶解在丙二醇中，在一个温和的反应温度下进行酯交换反应[39]，加入乳化剂促进反应，使体系接近均相。丙二醇法反应的优点主要是反应温度较低，蔗糖用量相对少，所用的溶剂毒性相对低且反应试剂全部可回收及再利用，能合成单酯含量高的蔗糖脂肪酸酯。其缺点是由于微乳体系有时不太稳定，反应发生过程难以人为控制，蔗糖也容易发生焦糖化，产物颜色很深[40]；蔗糖存在部分损失，导致产率低，而且需要大量的皂基乳化剂，产品难以精制。

② 丙二醇酯法。在脂肪酸钠（硬皂）存在下，蔗糖可直接同丙二醇脂肪酸酯发生酯交换反应生成蔗糖酯。从反应产物中除去硬皂后，残存的未反应的丙二醇酯，仍可用于食品，因为丙二醇酯本身就是食品乳化剂。

按此法制备蔗糖酯时，预先将丙二醇酯同硬皂在约 150～190℃下加热熔融，然后在此熔融物中加入蔗糖，并在减压下加热搅拌。也可将蔗糖、丙二醇酯和硬皂混合物在减压下以 170～190℃加热，并进行搅拌。反应可在空气气流中进行，但为了防止产物着色，宜在惰性气体中进行。

目前，这一反应的机理尚不够明了，但可观察到反应物并不处于无定形熔融状态，也未形成互相溶解的溶液，反应是在反应物呈不透明的混合物状态下进行的。在反应初期，原料混合物处于不太流动的半熔融状态，但是随着反应的进行，流动性增加而呈不透明的流动状态。可见反应初期，蔗糖部分或全部处于结晶状态进行反应，并随着蔗糖酯的生成而流动性增加。

从选择原料形状来看，可使用粒状蔗糖，但反应同其他物质接触不良，且需要的时间较长并影响产品着色，所以蔗糖还是以粉状为宜。作为丙二醇酯，其他脂肪酸部分是由天然油脂取得的单一脂肪酸或混合的脂肪酸，所使用的硬皂中含有天然油脂获得的单一脂肪酸或混合脂肪酸的锂、钠、钾等碱金属盐，通常可使用市售硬皂。

为使反应物料于反应中混合均匀，并防止产生过热现象，需要使用搅拌机。减压有助于丙二醇的馏出，真空度可保持 $133.32 \sim 13.33 Pa$（$1 \sim 0.1 mmHg$）。本法需使用碳酸钾催化剂，反应可为间歇式也可为连续式。所得蔗糖酯可用常规方法进行精制，而且只要除去硬皂、残存的丙二醇酯即可作为食品乳化剂出售。

合成实例如下所示。将 $10.2 g$（$0.03 mol$）粉末状蔗糖、$4.7 g$（$0.015 mol$）丙二醇棕榈酸酯和 $2 g$ 棕榈酸钾用研体充分混合后，放入 $300 mL$ 反应烧瓶中，并浸入 $175 ℃$ 油浴，经 $2 \sim 3 min$ 后，即成为流动的膏状物。将压力慢慢减至 $133.32 \sim 13.332 Pa$（$1 \sim 0.1 mmHg$）时，即产生大量气泡，经过 $15 min$ 恢复常压。在室温放置冷却后得 $16 g$ 浅褐色蜡状固体物，取样，通过薄层色谱分析表明，其色谱行为与蔗糖酯标准样一致，即蔗糖单酯、二酯和三酯所占比例分别为 50%、30% 和 20%。从丙二醇酯的馏出率算出产率为 60%。

如将蔗糖和丙二醇棕榈酸酯的用量增大 10 倍，并用油酸钾代替棕榈酸钾，在同样条件下进行反应，则得产物 $176.5 g$，馏出丙二醇酯 $8.5 g$，产率为 74.5%，用薄层色谱法分析氯仿提取物表明，蔗糖单酯、二酯和三酯所占比例分别为 50%、30% 和 20%。

另外，如用硬脂酸钾代替棕榈酸钾反应，温度可降至 $170 ℃$，产率为 65%，蔗糖单酯、二酯和三酯的比例分别为 50%、25% 和 25%。

③ 水溶剂法。水溶剂法以水溶液代替有毒、有害的有机溶液进行合成反应，通过皂盐（脂肪酸钠盐、钙盐等）来使反应物蔗糖和催化剂得到充分溶解混合，形成一个蔗糖-皂的微乳体系，然后加热减压脱水，在保持一定的温度和低真空度下进行加热脱水合成反应[52]。

这种方法首先使蔗糖、脂肪酸皂和水（作为溶剂）形成均一的蔗糖-肥皂溶液。然后提高温度，同时加入催化剂和部分或全部脂肪酸低碳醇酯，进行减压脱水。此步的关键是保持使脂肪酸酯不发生水解的温度和压力。为获得蔗糖单酯含量高的蔗糖酯产品，可以一次加入全部或大部分脂肪酸酯。为提高产物中蔗糖二酯或三酯以上的多酯的含量，可分为两个阶段加入脂肪酸酯，而且于反应第二阶段加入的量要比第一阶段大得多。

原料脂肪酸酯可为碳数为 $12 \sim 23$ 的脂肪酸甲酯、乙酯、丙酯、丁酯等一元醇酯，以及多元醇酯。其中使用甲酯、乙酯和丙酯所获得的蔗糖酯的纯度较高。对于脂肪酸皂，以选用碳数为 $12 \sim 22$ 的脂肪酸钾、脂肪酸钠和脂肪酸钙为宜。脂肪酸皂的用量占原料蔗糖和脂肪酸酯总质量的 $5\% \sim 40\%$。催化剂通常使用氢氧化钾、钠、锂等，碳酸钾、钠、锂等，甲醇盐、乙醇盐、丙醇盐等。在这些催化剂中，使用氢氧化钾和碳酸钾最为有利。催化剂的用量为原料蔗糖质量的 $0.1\% \sim 10\%$。添加催化剂的时间范围是从蔗糖、脂肪酸皂和水三种成分形成混合物后，到实现均匀混合物之间。

　　a. 合成实例 1。于 350L 反应釜中加入 50kg 砂糖、25kg 硬脂酸钠和 25kg 水，使之形成均一的混合溶液。然后于 100～125℃下将大部分水馏出，加入 1.0kg 碳酸钾。提高温度至 150℃，在 7999Pa（60mmHg）下馏出残存的水，并同时加入 25kg 牛油脂肪酸甲酯。在 150℃下保温 3h，即获得 96.5kg 反应产物。反应中，有 95% 的牛油脂肪酸甲酯发生酯交换反应，而生成蔗糖酯。用薄层色谱法分析时，蔗糖酯的组成为：蔗糖单酯占 52%，蔗糖二酯占 30%，蔗糖三酯占 18%，皂化物占 5%。

　　b. 合成实例 2。于 10L 反应釜中，将 2kg 砂糖溶于 1kg 水中，并加入 0.75kg 硬脂酸钠，使之成为混合溶液。温度由 80℃升高到 150℃的同时，分别加入 0.75kg 牛油脂肪酸甲酯和 20g 氢氧化钾催化剂，并于 666.6Pa（50mmHg）下进行减压脱水，再于约 150℃下保温 30min，即得到 3.2kg 反应产物。反应中有 85% 的牛油脂肪酸甲酯发生酯交换反应而生成蔗糖酯。通过薄层色谱分析表明：蔗糖单酯占 62%，蔗糖二酯占 29%，蔗糖三酯占 0.9%，皂化物占 7%。

　　c. 合成实例 3。于 10L 反应釜中加入 1.5kg 砂糖、660g 硬化牛油脂肪酸钠和 0.2kg 水，使之成为均一的混合溶液。然后加入 1.0kg 丙二醇单硬脂酸酯和 30g 氢氧化钾，并在升温至 110～150℃的同时，以 399.96Pa（3mmHg）进行减压脱水，形成熔融混合物。在 155～160℃和 399.96Pa（3mmHg）下反应 90min。所得产物中含蔗糖酯 43.5%。反应中有 82% 的丙二醇酯同砂糖发生反应，所生成的蔗糖酯的组成为：蔗糖单酯占 56.3%，蔗糖二酯占 31.4%，蔗糖三酯及多酯占 12.3%。残存的丙二醇酯的组成为：丙二醇单酯占 1.9%，丙二醇二酯占 3.4%，皂化物为 2.37%。

　　d. 合成实例 4。于反应釜中，将 48.8kg 砂糖和 25kg 硬化牛油脂肪酸钠溶于 60kg 水中，使之形成均一的混合溶液。然后加入 27.4kg 硬化牛油和 1.0kg 碳酸钾，并在升温至 100～155℃的同时，于 1333.2Pa（10mmHg）下减压脱水，形成熔融物。于（160±2）℃和 666.6Pa（5mmHg）下反应 2h。所得产物中混合蔗糖脂肪酸酯为 36.2%，甘油酯为 9.1%，有 70% 的硬化牛油脂肪酸同砂糖发生反应。所生成的蔗糖酯的组成为：蔗糖单酯为 55.6%，蔗糖二酯占 32.6%，蔗糖三酯及多酯占 11.8%。残存的甘油酯的组成为：甘油单酯为 48%，甘油二酯为 35%，甘油三酯为 17%，皂化物为 2.87%。

　　④ 微乳化法。微乳化法是将蔗糖、脂肪酸钠（乳化剂）和脂肪酸甲酯于丙二醇中混合，在 100℃左右下形成微乳化液，以进行酯交换反应的。在此状态下，蔗糖变成极其微小的小滴分散于反应系统。所谓微乳化液，是同通常的乳化液相对而言的，其分散相的小滴直径为 0.01～0.06μm，小于光波的 1/4，所以乳化液是透明的，也称作透明乳化液。形成微乳化液所需的乳化剂数量比通常的要多。

　　酯交换反应通常以微乳液状态，于 150～170℃和 800Pa（6mmHg）下进行。反应以碳酸钾为催化剂，短时间内即可结束。在反应的第一阶段，脂肪酸甲酯同丙二醇间发生酯交换反应，脂肪酸甲酯转变成丙二醇单硬脂肪酸酯（PGMS）和甲醇。在反应的第二阶段，慢慢地生成丙二醇二乙酸酯（PGDA）。在大约 20% 的脂肪酸变成 PGDA 时，开始急剧生成蔗糖酯，而 PGMS 和 PGDA 都开始减少。乳化剂在系统中起乳化作用，使蔗糖保持微小的小滴状态。因此，必须保持蔗糖在馏出丙二醇而形成的热熔体中处于容易反应的状态。如果蔗糖小滴的聚集发展下去，而当结晶析出时，酯交换反应即难以继续进行，从而妨碍蔗糖酯的生成。反应系统中有大量乳化剂存在时，由于乳化剂膜妨碍蔗糖小滴的聚集，而使反应得以顺利进行，也就是说，乳化剂兼有促使蔗糖成为微小的小滴和保持微乳化状态的双重作用。反应产物中包含有蔗糖酯、蔗糖和脂肪酸钠，其中蔗糖酯约占50%（质量），其中85%是单酯，其余是二酯。

以微乳化法生产蔗糖酯较溶剂法有许多优点：蔗糖过量小、可定量回收溶剂、产品中残存的溶剂（丙二醇）不妨碍其在食品中的应用、蔗糖酯精制简单。此方法的缺点是：由于焦糖化，蔗糖损失可为原料蔗糖的10%左右，以及产品间或有着色现象。

微乳化法合成实例如下所示。在2L的树脂锅中进行反应。锅上装有温度计、搅拌器和水冷夹套。锅同接收器连通，接收器则通向真空源。首先，于树脂锅中加入900mL丙二醇、308.4g(0.90mol) 蔗糖、180g(0.60mol) 硬脂酸甲酯、165g(0.54mol) 硬脂酸钠和1.0g无水碳酸钾。搅拌加热至130～135℃，蔗糖完全溶解，反应混合物呈清晰的均质状态。温度保持在120℃以上，于真空下蒸出丙二醇。在蒸出丙二醇的过程中，需要逐步提高温度，否则反应出现浑浊。将乳化液置于145～150℃和17332～18665Pa(130～140mmHg) 下，则会变得清澈。在最后蒸馏阶段，于165～167℃和466.6Pa(3～4mmHg) 下完全除去丙二醇。由锅中将反应物移出（此时为液体）。于室温下，反应产物变成脆性固体，它很容易被碾压和磨细。以100g固体产物计的反应物料组成为蔗糖47.2g、硬脂酸甲酯27.6g、硬脂酸钠25.2g、加丙二醇135mL；粗产物的组成为蔗糖硬脂酸酯53.9g、蔗糖19.5g、硬脂酸钠25.2g、被蒸出的甲醇1.4g。

用丁酮处理磨细的混合物，滤除未反应的蔗糖和硬脂酸钠。最后，除去溶剂，获得的产物中蔗糖酯约占96%，脂肪酸和盐各占约2%。通过旋光性测定表明，蔗糖酯中约85%为蔗糖单酯，15%为蔗糖二酯。

⑤ 无溶剂法。无溶剂法又包括熔融法、相溶法及非均相法等。其共同特点是在这种合成途径中，蔗糖与脂肪酸酯之间的酯交换反应不需要添加任何溶剂即可进行，且体系中没有有毒物质。无溶剂法是目前工业上生产蔗糖酯应用最多的方法，该法操作简便、合成速度快、原材料和催化剂成本低廉，符合无毒低成本绿色化学合成方向的要求[41]。

a. 熔融法。在惰性气体的保护下，将蔗糖、脂肪酸酯及催化剂（中性皂）混合加热至高温（170～190℃），在短时间内使其呈熔融状态以增大反应原料的接触面积，通过充分搅拌使其发生酯交换反应，反应结束后冷却提纯即可得到蔗糖酯产品。

本法的特点是用中性皂作催化剂和乳化剂，中性皂还能防止蔗糖在高温下分解，所以产率较好[5]。熔融法反应所需时间很短，但在高温下蔗糖易在熔融前发生降解，且反应体系黏稠，不易搅动，使得反应产率偏低；产物不易纯化，且纯化成本较高，不利于工业生产。

b. 相溶法。借助一种亲和促进剂（如蔗糖酯或硬脂酸钾等皂盐）使蔗糖同脂肪酸甲酯产生相溶性，通过加大原料的接触面积，从而实现酯交换。亲和促进剂是蔗糖酯、肥皂等阴离子表面活性剂及非离子表面活性剂。催化剂是从亲油型（甲醇、乙醇及丙醇的钾、钠、锂盐，脂肪酸的钾、钠、锂盐）和亲水型（氢氧化钾、钠、锂，碳酸钾、钠，碳酸氢钾、钠）催化剂中各选一种组成的。

合成实例如下所示。向带搅拌的容器中加入1.45kg牛油脂肪酸甲酯，搅拌升温到100℃，再加入粉碎过的蔗糖（过150目筛），在100～120℃下，脱水约30min。然后，加入 170g SE（酯化度为 7.1）和 51g K_2CO_3，加热到 150℃，再加入 43g 甲醇钾，使混合物在 150℃左右和 665Pa（5mmHg）左右下反应 3h，即可结束反应。分析产物组成：未反应的碱-酯含量为 1.5%，皂生成量为 3.2%，未反应蔗糖为 21.6%，生成的蔗糖酯为 73.7%。生成蔗糖酯的组成：蔗糖单酯为 38.0%，二酯为 37.9%，三酯和多酯为 24.1%。以牛油脂肪酸甲酯为基准，SE 的收率为 90.5%。

该工艺反应时间短、着色度小，有利于获得低酯化度的 SE，产物纯度较高。熔融法和相溶法存在问题是：因反应体系内缺少"稀释剂"，蔗糖必须粉碎到 10 目以上；脂肪酸皂加入量增多，反应浊度也较高，稍有不当，容易发生熔融体凝结[5]。相溶法反应快、耗时短且反应所需温度较低，利于工业化生产，但需要使用大量的皂，且皂不易除去，后处理较复杂。

c.非均相法。该法以蔗糖、脂肪酸酯为反应原料，在一定的条件下通过添加大量催化剂（通常为碳酸钾）使得不同相的反应原料能够进行酯交换反应。使用甲醇、菜籽油和蔗糖为反应原料，利用非均相法合成蔗糖酯的合成步骤分为两步：第一步，甲醇和菜籽油在 65℃的条件下反应 3.5h 得到脂肪酸甲酯；第二步，将蔗糖和脂肪酸甲酯放入不添加任何溶剂的体系中，在催化剂和乳化剂的作用下进行减压反应。通过考察反应时间、温度、压力、反应原料间的物质的量之比以及催化剂、表面活性剂的种类和用量对反应结果的影响，得出最优的反应条件为：反应原料（蔗糖与脂肪酸甲酯）的物质的量之比为 1:3；催化剂选择碱性催化剂碳酸钾，用量为反应原料总质量的 7%；乳化剂选择皂粉，用量为反应原料总质量的 9%；在 130℃、4.45kPa 的条件下反应 5h。此方法终产物中蔗糖酯的产率可达 72% 以上[9]。

非均相法工艺简单，转化率较高（60%～90%），但反应时间较长，需要使用较多的催化剂且对真空度要求较高。

（2）直接酯化法

① 酸酐为催化剂。合成实例如下所示。取 18g 蔗糖加入 200g 氯乙酸中（60～70℃），然后在搅拌下加入 240g 棕榈酸酐及 0.5g 过氯酸镁，升温至 90℃，反应 3～4h。混合物倒入 2L 甲醇中，滤出蔗糖酯。粗酯可溶于石油质中，滤出不溶残渣再倒入甲醇中，冰浴中冷却沉淀，即得纯蔗糖酯。

② 酰氯为催化剂。早在 1950 年之前，蔗糖酯的合成就主要通过酰氯酯化法，即通过使用脂肪酰氯和蔗糖反应，在反应中加入含氮的有机溶剂，如氮杂苯、吡啶。利用脂肪酰氯，在含氮有机溶剂中将蔗糖酰基化，得到 SE。该法可防止聚酯生成，单酯成分高，适于低级蔗糖脂肪酸酯的合成。但其溶剂毒性大，成本高。若在水溶液中进行酯化，虽不用有机溶剂，但易水解形成脂肪酸等副产物，收率低。

合成实例如下所示。取 5g 蔗糖加入 10g N-甲基吡咯烷酮（NMP）中，加热至全溶。加入 31g 硬脂酰氯，搅至全溶。再搅拌 1min 形成琥珀色溶液。当放热停止后可再加热，以驱尽反应放出的 HCl 气体。倒入水中生成深棕色沉淀，过滤、温水洗，在空气中干燥 48h，即得蔗糖硬脂酸酯，收率为 95%。产品为高分子量低熔点（<50℃）固体，可用作较廉价的增塑剂或防水剂。

③ 直接脱水法。直接脱水法是指蔗糖和脂肪酸在酸性催化剂对甲基苯磺酸存在下直接反应脱水生成 SE。虽然此种方法的反应容易操作，但是溶剂毒性较大，后续产品纯化较难，而且在酸性催化剂存在下，产品也容易分解且产率不高。

2.4.3.1.2 生物酶法

生物酶法也称微生物法，20 世纪 60 年代以来，随着生物工程技术的发展，人们发现某些微生物也能产生蔗糖酯，它不仅具有乳化、润湿和增溶等作用，还具有增强免疫、抗肿瘤等性能。用根霉菌、肠杆菌、曲霉、假单胞菌、白念珠菌、黏液菌和青霉素的脂肪酶，可使蔗糖和硬脂酸、棕榈酸、油酸、亚油酸等反应生成蔗糖酯。Szczesna-Antczak 等[40] 采用固定化酶（来自卷枝毛霉），在双相系统中合成了蔗糖酯等物质，并建立了数学模型。蔗糖与脂肪酸甲酯的反应是一个多相过程，脂肪酶的有效催化作用必须借助于适当的溶剂，使反应物分子与酶在体系中充分分散，目前常用的有机溶剂主要有四氢呋喃、甲苯、环己烷、己烷、庚烷、吡啶、苯、二甲基甲酰胺等，这些溶剂都具有一定的毒性，不利于产品在食品和化妆品行业中推广应用，因而寻求合适的反应介质或者探索一种全新的合成途径是目前酶法生产蔗糖酯的关键。

酶法克服了化学合成法的许多缺点：首先，该法反应条件温和，产品易于纯化；其次，生物转化的蔗糖酯临界胶束浓度（CMC）低，表面张力大，乳化性能、助溶性、起泡性能等均优于化学合成的蔗糖酯。

2.4.3.1.3 其他方法

近年来，超声波技术、微波技术、机械活化技术等类似合成蔗糖脂肪酸酯的技术也得到了发展。微波是一种新型能源，具有低能耗、高效率、高清洁的特点[41]。王利宾等人[42] 以十六烷基三甲基溴化胺为催化剂，微波合成大豆油蔗糖多酯，避免了有害物质，缩短了反应时间，节省了乳化剂和催化剂。超声强化是双相反应体系中较为广泛使用的一种新技术，其基本原理是利用空化气泡的破裂来促进反应材料在两个界面分子之间的转移[43-45]。Xu 等[46] 利用 K_2CO_3 为催化剂，采用超声强化技术合成蔗糖月桂酸酯，在 75℃ 和 40kHz 条件下反应 2.5h，蔗糖单酯产率最高达 68.16%。

另外，机械活化技术则通过利用机械力作用减小固体物料的粒径，从而提高界面的传质效率，提高非均相反应的反应活性[47,48]。有课题组研究发现，机械力作用可以增加了反应物的接触位点，有效地提高化学反应活性[49]。Chen 等人[50] 采用机械活化技术已将蔗糖脂肪酸酯产率从原来 49.3% 提高到现在 88.2%，如图 2-9 所示。

利用机械活化技术进行固相反应，可以降低蔗糖粒径，同时有效提高蔗糖活性，进而促进酯化反应的高效进行，解决了接触面有限、物料间能量交换受限等问题。

2.4.3.2 蔗糖脂肪酸酯的主要生产工艺流程

蔗糖酯的主要生产工艺流程如图 2-10 所示。

（1）脂肪酸甲酯的合成

将三口瓶置于恒温油浴中，加入适量的甲醇、氢氧化钾、大豆油，加热（温度 95℃）回流反应 7h。静置分层，除去下层水相。调节酸碱度使体系呈弱酸性，将产物转入分液

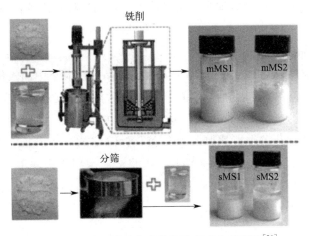

图 2-9　机械活化强化蔗糖脂肪酸酯合成研究[50]

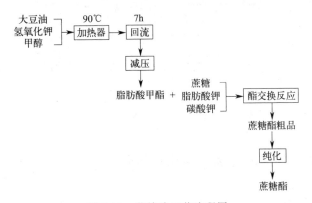

图 2-10　蔗糖酯工艺流程图

漏斗中，再用去离子水洗涤上层油相，至中性为止。然后在 100℃ 下进行减压除水，即可得到较纯净的脂肪酸甲酯，产物为金黄色油状液体。

（2）蔗糖酯的合成

蔗糖酯粗品合成的工艺流程如图 2-11 所示。将体系置于石蜡油浴中，将一定量的氢氧化钾溶于甲醇里，加入按比例计算好的脂肪酸甲酯，然后加热回流并且搅拌，加入研细的蔗糖和催化剂碳酸钾，慢慢升温至 120℃，抽真空，蒸出甲醇，继续升温至正交设计表要求的温度。

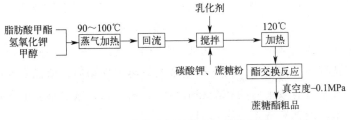

图 2-11　蔗糖酯粗品合成工艺流程图

反应结束后将产物自然冷却到 80℃，取出两份做检测试验，一份加入一定量的氯化钠溶液，用玻璃棒搅拌；另一份加入一定量的丙酮，同样进行搅拌，对其溶解性进行对照观察。

（3）蔗糖酯粗品的精制

精制过程的工艺流程如图 2-12 所示。在生成粗品的反应釜中加入体积比为 7∶1 的乙酸乙酯和水混合溶剂 500kg，搅拌，待完全溶解后用柠檬酸水溶液调 pH 为 5，静置 30min 后吸上层溶液到纯化釜待处理。向纯化釜中加入 3％氯化钠水溶液 150kg 搅拌 15min。在 57℃ 下向纯化釜中搅拌加入 30％氯化钙沉淀剂溶液 13kg，搅拌片刻，在 58℃ 下静止 2h 后吸取上层清液。过滤除去钙盐，再将溶液水层除去，用 150kg 水在分水釜中水洗两次，最后一次调溶液 pH 为 7，分出水层，最后将液体在干燥釜中去除混合溶剂，干燥得到蔗糖酯精品，产率为 73％。

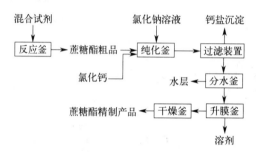

图 2-12　蔗糖酯粗品纯化处理工艺过程

2.4.4　蔗糖脂肪酸多酯的分离、纯化和回收

2.4.4.1　分离纯化工艺

合成蔗糖，特别是采用溶剂法抽提工艺时，所得产品中往往含有未反应的蔗糖脂肪酸皂。当以脂肪酸甲酯作为原料同时作为溶剂与催化剂等来制备产品时，最终产物往往是两种或两种以上蔗糖酯的混合物。为了获得纯度高的单一蔗糖酯产品，需要对粗产品进行精细处理，精准回收其中未反应的蔗糖和溶剂，这对原料的有效利用以及降低成本具有重要的意义。采用溶剂法，特别是二甲基甲酰胺法生产蔗糖，产品中往往残存有一定的溶剂，且阻碍其用于食品。日本的食品添加剂标准要求，用于食品的蔗糖酯，含二甲基甲酰胺不得超过 0.02％。另外，为开辟蔗糖酯的多种用途，应该使单酯、二酯、三酯含量在产品中有各种不同的相对含量，或者尽量提高其中某种单一酯的含量。

分子蒸馏技术是利用混合物中液体分子自由程不同的原理来实现酯类分离的，主要适用于高沸点、热敏物质的分离。由分子运动论得知，混合液体受热，运动加强，接收到足够能量之后就会从液体内部逸出。分子的性质不同，逸出速率也不同。逸出的分子经冷凝后收集，这样就达到了分离效果。由于蔗糖多酯是热敏性物质，所以需要严格控制温度和时间。分子蒸馏技术可有效地将脂肪酸和低碳醇分离出来，减少杂质的含量。然而分子蒸馏技术尚存在技术不成熟和成本较高的问题。

按反应条件的不同，蔗糖酯粗品中混有残余糖、脂肪酸酯、硬皂、催化剂、水等物质，分离纯化方法有以下几种：萃取或洗涤法、压榨法、超临界 CO_2 法、超滤法（此法

和超临界 CO_2 法均未实现工业化生产）、水浸提-喷雾干燥法等方法[51]。无论是传统的化学合成法还是生物酶法合成蔗糖酯，最终产物都由蔗糖单酯、蔗糖二酯、蔗糖三酯、未反应的糖、催化剂、脂肪酸和其他残留物质组成。食品、药品、化妆品等领域对蔗糖酯的成分都有着一定的要求。因此，合成的蔗糖酯粗品须经过分离提纯以及定性、定量的检测才能投入市场，满足不同领域的需求。

2.4.4.2　未反应蔗糖的回收

反应混合物中一般含有蔗糖脂肪酸酯（目标产物）、未反应蔗糖、生成的脂肪酸皂、未反应脂肪酸酯（甲酯）、反应溶剂（二甲基甲酰胺）、催化剂等，其中蔗糖酯包括单酯、二酯和三酯等。回收未反应蔗糖一般采用沉淀方法。

（1）甲苯-DMF 混合溶剂

用甲苯作沉淀剂回收蔗糖，甲苯同二甲基甲酰胺（DMF）组成混合溶剂系统，利用它对蔗糖酯和蔗糖溶解度的不同以及温度等其他条件，来达到回收未反应蔗糖的目的。采用此法回收蔗糖时，在混合蔗糖单酯、二酯的情况下，混合溶剂中甲苯宜占 40%；而在混合蔗糖二酯、三酯的情况下，混合溶剂中甲苯宜占 75%～80%，这时蔗糖的回收率较高，容易以分散的晶体形式回收。由于此法经济所以采用较多。

回收实例如下所示。反应混合物中含 17.2g 蔗糖酯（单酯∶二酯＝6∶4）、25.3g 未反应蔗糖、57.5g 二甲基甲酰胺和催化剂。将此混合物加热至 85℃，逐渐加入 38.3g 甲苯（甲苯在 DMF-甲苯混合溶剂中占 40%），以使蔗糖结晶。在加入甲苯时，必须保持 85℃，并连续进行剧烈搅拌，以使甲苯均匀分配。然后冷却至 30℃，过滤、分离晶体并进行干燥，这样可获得 24.44g 蔗糖，收率为 96.6%。加入甲苯后冷却至 30℃，这是为了防止过滤中甲苯挥发而损失，同时确保安全和获得结晶均匀的蔗糖。

（2）二元混合溶剂

在反应混合物中加入二元混合溶剂，通过对温度的适当控制，未反应蔗糖即可沉淀下来。然后，借助过滤、离心或倾析等方法，再将沉淀的蔗糖分离出来，混合溶剂通过蒸馏回收。利用二元混合溶剂的适当配合，可将大部分未反应蔗糖从反应混合物中分离出来，所获蔗糖脂往往无需再精制，便可用于化妆品、药物和食品中。二元混合溶剂分离后可再次使用。

二元混合溶剂多由含氧有机溶剂和石油烃类溶剂配成。前者有甲醇、乙醇、异丙醇、仲丁醇、正丁醇、各种戊醇、乙氧基乙醇、丙二醇、乙酸乙酯、丙酮、丁酮、甲基异丁基酮和它们的混合物；石油烃类溶剂包括戊烷、己烷、庚烷、苯、甲苯、二甲苯和它们的混合物。用于此混合溶剂的苯胺点不应超过 54℃，沸点应低于 350℃。例如，甲苯的苯胺点为 −49.4℃，沸点为 110.6℃；二甲苯的苯胺点为 −47.2℃，沸点为 138～142℃。石油烃类溶剂的用量约为含氧类溶剂的 30%～80%（质量）。

回收实例如下所示。为了制备蔗糖单棕榈酸酯，使用 9mol 蔗糖同 2.25mol 棕榈酸甲酯于足量的二甲基甲酰胺中进行酯交换反应。所得反应混合物用醋酸中和，并以 50g 为 1 份分为若干份，每份中含有 12.5g 蔗糖、6.6g 蔗糖酯和相应数量的二甲基甲酰胺。用二元混合溶剂做沉淀实验,并以甲苯和庚烷等作为对照,所得结果如表 2-2 所示。

表 2-2　用二元混合溶剂沉淀未反应蔗糖的结果

沉淀溶剂	苯胺点/℃	沉淀溶剂与二甲基甲酰胺质量比	混合温度/℃	过滤温度/℃	未反应蔗糖回收质量/g	未反应蔗糖在产品中/%	产物中固体的质量/g	产物中酯的质量/g
甲苯	−49.4	3.0	90	30	12.4	1.07	6.5	6.5
1/2 丙酮-1/2 甲苯	<−49.4	1.5	60	30	11.8	9.6	7.1	6.4
庚烷	53	3.0	90	90	11.8	11.6	6.2	5.5
1/2 庚烷-1/2 丙酮	—	1.5	50	50	11.44	14.54	7.59	6.48

2.4.5　蔗糖脂肪酸酯的分离

蔗糖酯是目标产物,因此它的回收非常重要。蔗糖酯的回收有沉淀法、萃取法和两者结合等方法。

2.4.5.1　沉淀法

沉淀法包括如下过程:①由反应混合物除去有机溶剂(如二甲基甲酰胺),除去溶剂至少达 90%;②于搅拌下向已除去有机溶剂的反应混合物中加水,其用量应足以使其中可溶部分得到溶解;③调节温度,将反应混合物的温度调至 0~5℃,这对回收蔗糖分子是必要的,而且在分离蔗糖酯时,可防止蔗糖过量转化;④调节 pH,于含水的反应混合物中加入酸性物质(如硫酸、乙酸、二氧化碳、二氧化硫或酸性离子交换树脂),使 pH 至 7 以下(最好是 3~4),降低 pH 值的目的是在分解碱性催化剂的同时,破坏反应生成物乳液,以使蔗糖酯分离出来;⑤分离蔗糖酯,酸化后(必要时可再行冷却),蔗糖酯便会沉淀下来,此时,可用过滤或离心方法将它从反应混合物中分离出来。

沉淀法回收实例如下所示。在 100℃ 下,0.75mol 的蔗糖同 0.25mol 硬脂酸甲酯在 0.036mol 的碳酸钾存在下,于二甲基甲酰胺中进行反应以生成蔗糖单酯。反应中蒸出所生成的甲醇和少量二甲基甲酰胺。反应需在强烈搅拌下进行。反应结束后,蒸出剩余的二甲基甲酰胺,得到无水粉状物。将此粉状物于 0℃ 下搅拌加入 1L 水中,并加入 2L 0.1mol/L 的硫酸,使得 pH 降到 7 以下。此时蔗糖酯便沉淀出来,过滤,然后用水洗涤,并用五氧化二磷进行干燥。用 10 份二氯乙烷再结晶,以进行最后精制。收率以硬脂酸甲酯计,为 80.7%,可由滤液和洗涤液中回收 63%(以原料蔗糖计)的蔗糖。蔗糖单硬脂酸酯的软化点为 55℃。

2.4.5.2　萃取法

采用萃取法时,首先要去除 90% 以上的反应溶剂,然后使反应混合物同水和有机溶剂(酮或酯类)相接触,以形成水相和溶剂相,蔗糖酯即被萃取入溶剂相。分离溶剂相,由其回收蔗糖酯。酮类溶剂可为 C_8 以下的酮(如甲基异丁基酮)。酯类溶剂应仅微溶于水,并应是 C_6 以上的酯,如乙酸戊酯、乙酸丁酯、乙酸异丁酯等,其中以乙酸戊酯的效果最佳。水同有机溶剂的比例不限，只要形成两相即可。水和有机溶剂的用量约为反应混合物的两倍（体积）。萃取温度可为 40～80℃，萃取过程中保持温度，反应混合物的 pH 为 4～7。必要时，可加入酸性试剂，如硫酸、乙酸、二氧化硫或酸性离子交换树脂。通过搅拌，反应混合物分成两相，上层为溶剂相，其中含蔗糖脂肪酸酯。取出溶剂相，使之再同水接触，仍形成两相。少量的蔗糖和反应溶剂被萃取入水相而被除去。最后处理溶剂相以回收产物。可在水存在下，将有机溶剂蒸出，蔗糖酯则以水溶液或浆状物的形式留下来。用喷雾干燥法或转筒式干燥法，回收蔗糖酯；或者以共沸法使有机溶剂脱水，然后蒸出溶剂或浓缩，并使蔗糖酯结晶出来。

　　萃取法回收实例如下所示。取 107g 月桂酸甲酯酮和 513g 蔗糖在 10g 碳酸钾存在下，于 2200g 二甲基甲酰胺中在 90～100℃下进行酯交换反应，以合成蔗糖单酯。蒸馏反应混合物，除去二甲基甲酰胺，而得 205g 残留物。使其同 100g 乙酸戊酯和 100g 水振荡接触，并加热至 40℃，使之完全溶解和分层。底层为 117g 水相，弃之。上层为 237g 有机溶剂相，于 40℃下用 100g 水对此有机溶剂相进行萃取，再次产生清晰的两层。弃去水相，再水洗两次，最后将溶剂蒸馏至干。所得蔗糖单月桂酸酯酮和乙酸戊酯进行共沸蒸馏，得 55g 蔗糖单月桂酸酯，其为灰白奶油状脆性固体，其中含二甲基甲酰胺的质量分数为 1.7%。

2.4.5.3　共沉淀分离法

　　共沉淀分离法既适用于合成蔗糖酯的有机溶剂法（以 DMF 为溶剂），也适用于微乳化法。首先，需要从反应混合物中彻底馏出反应溶剂，然后添加有机溶剂和水，再在有机溶剂中添加水溶性共沉淀剂，其与蔗糖酯产生共沉淀物，进而可定量回收蔗糖酯。通过调节有机溶剂的温度，方可使蔗糖单酯同水溶性共沉淀剂一起从反应混合物中沉淀出来。

　　用二甲基甲酰胺合成的蔗糖酯粗品中含有蔗糖硬化牛油脂肪酸酯 46.5%、未反应蔗糖 43.8%、未反应脂肪酸甲酯 2.1%、硬化牛油脂肪酸钾 4.6%、其他 3.0%。取蔗糖酯粗品 100 份，向其中加入 500 份乙酸乙酯和 300 份水，在 70℃下加热并搅拌，溶解。然后，调节 pH 至 5，弃去水层，得有机溶剂层。在该温度下，于有机溶剂层中加入 14 份乳酸钡，搅拌 0.5～1h，随后冷却至 5℃，即产生含有蔗糖酯的沉淀。倾析溶液去除上层澄清液后，再重新加入 100 份异丁醇和 100 份水，使之于 60℃下溶解，并调节 pH 至 7。除去水层后，得到有机溶剂层。馏去溶剂进行减压干燥，得 45.9 份白色粉末。蔗糖硬化牛油脂肪酸酯回收率为 97.2%，纯度为 98.5%，单酯含量为 54.0%。如果不用 14 份乳酸钡而改用 8 份氯化钠作为共沉淀剂，或者不用共沉淀剂，只将有机溶剂层冷却，任其结晶，则在低温下蔗糖酯溶解度降低，能获得部分产品。但这两种操作方法所能回收的蔗糖酯的含量都达不到原方法回收的蔗糖酯含量的一半，因而都是不可取的。

2.4.5.4　分子蒸馏技术、柱色谱法

　　分子蒸馏技术是一种新型的分离方法，主要用于液-液分离。其利用液体分子在受热溢出后运动的平均自由程不同的原理来实现酯类分离。其工作过程如下：对液体混合物进

行加热，使其获得足够大的能量而离开液面，较重的分子飞行距离小，达不到冷凝面；而较轻的分子飞行距离大，能到冷凝面进行冷凝，从而达到将混合物分离的效果[52]。

柱色谱法利用所需分离的样品中不同物质的极性差异，使其在固定相和流动相中具有不同的分配系数，在经过反复洗脱后分离出不同物质。柱色谱法的成本较低，对真空度的要求也不高，但耗时长，无法一次进行大量处理，仅适用于实验室而不适用于工业化生产。

参考文献

[1] 郑前. 土法制糖工艺与制糖博物馆设计的关联性研究 [D]. 武汉：华中科技大学，2013.

[2] 何李，王超. 蔗糖多酯的合成及应用研究进展 [J]. 食品与药品，2007，9（12）：63-65.

[3] 秦林莉，刘郅骞，张静，等. 蔗糖酯在食品工业中的应用研究进展 [J]. 中国调味品，2022，47（4）：207-211.

[4] 张宏博，刘焦萍，赵苏杭，等. 生物可降解塑料发展现状及展望 [J]. 现代化工，2023，43（4）：9-12.

[5] 刘伟康，蓝平，陈龙. 蔗糖脂肪酸酯的制备及应用研究进展 [J]. 中国油脂，2022，47（3）：32-37.

[6] Ma H K, Liu M M, Li S Y, et al. Application of polyhydroxyalkanoate（PHA）synthesis regulatory protein PhaR as a bio-surfactant and bactericidal agent [J]. Journal of Biotechnology，2013，166（1）：34-41.

[7] 何世军，赵光磊，何北海. 肉桂酸蔗糖酯的酶法制备及其抗菌活性 [J]. 现代食品科技，2018，34（9）：129-135.

[8] Sangnark A, Noomhorm A. Effect of dietary fiber from sugarcane bagasse and sucrose ester on dough and bread properties [J]. LWT-Food Science and Technology，2004，37（7）：697-704.

[9] 吴琼，孙姣，刘一宁，等. 蔗糖酯在药物递送系统的应用研究进展 [J]. 精细化工，2021，38（2）：276-281.

[10] Quan J, Xu J M, Liu B K, et al. Synthesis and characterization of drug-saccharide conjugates by enzymatic strategy in organic media [J]. Enzyme and Microbial Technology，2007，41（6-7）：756-763.

[11] 孙玉泉. 蔗糖酯在精细化学品工业中的应用 [J]. 天津化工，2000，2（3）：27-28.

[12] 刘淑华，陈维钧，高大维. 蔗糖酯在护肤化妆品中的应用研究 [J]. 日用化学工业，1996，3（5）：12-14.

[13] Ikeda M, Choi W K, Yamada Y. Sucrose fatty acid esters enhance efficiency of foliar-applied urea-nitrogen to soybeans [J]. Nutrient Cycling in Agroecosystems，1991，29（2）：127-131.

[14] 覃泽林，孔令孜，李小红，等. 广西蔗糖产业技术研究进展 [J]. 广东农业科学，2014，41（12）：195-199.

[15] 邹晓蔓，傅漫琪，王小慧，等. 1985—2018 年中国甘蔗生产时空变化及区域优势分析 [J]. 中国农业大学学报，2022，27（6）：120-131.

[16] 吴有明. 浅谈制糖机械设备的现状及对策 [J]. 广西蔗糖，2010，34（4）：43-45.

[17] 张琳，李全新. 广西甘蔗生产机械化发展分析与展望 [J]. 农业展望，2021，17（2）：59-63.

[18] Anankanbil S, Pérez B, Cheng W W, et al. Caffeoyl maleic fatty alcohol monoesters: Synthesis, characterization and antioxidant assessment [J]. Journal of Colloid and Interface Science，2019，536（3）：399-407.

[19] Sadtler V M, Guely M, Marchal P, et al. Shear-induced phase transitions in sucrose ester surfactant [J]. Journal of Colloid and Interface Science，2004，270（2）：270-275.

[20] 郝治湘，邬洪源，毕野，等. 相溶法蔗糖酯的合成与分析 [J]. 粮油加工，2009，3（7）：83-85.

[21] 党民团. 表面活性剂的 HLB 值及应用 [J]. 化学工程师，2000，77（2）：38-39.

[22] Vargas J A M, Ortega J O, Metzker G, et al. Natural sucrose esters: Perspectives on the chemical and physiological use of an under investigated chemical class of compounds [J]. Phytochemistry，2020，177：112433.

[23] Soultani S, Ognier S, Engasser J M, et al. Comparative study of some surface active properties of fructose esters and commercial sucrose esters [J]. Colloids and Surfaces A: Physicochemical and Engineering Aspects，2003，227（1）：35-44.

［24］ Fanun M, Leser M, Aserin A, et al. Sucrose ester microemulsions as microreactors for model maillard reaction [J]. Colloids and Surfaces A：Physicochemical and Engineering Aspects, 2001, 194 (1)：175-187.

［25］ Breyer L M, Walker C E. Comparative effects of various sucrose-fatty acid esters upon bread and cookies [J]. Journal of Food Science, 2010, 48 (3)：955-958.

［26］ Ebeler S E, Breyer L M, Walker C E. White layer cake batter emulsion characteristics：Effects of sucrose ester emulsifiers [J]. Journal of Food Science, 2010, 51 (5)：1276-1278.

［27］ 谢德明, 郑建仙. 蔗糖聚酯毒性研究——蔗糖聚油酸酯对小鼠经口急性毒性和蓄积毒性 [J]. 中国油脂, 1999, 24 (5)：65-66.

［28］ Doyle E. Olestra? The jury's still out [J]. Journal of Chemical Education, 1997, 74 (4)：370-372.

［29］ Handayni S, Novianingsih I, Barkah A, et al. Enzymatic synthesis of sucrose polyester as food emulsifier compound [J]. Makara Journal of Science, 2012, 16 (3)：141-148.

［30］ 郭志伟, 徐昌学, 路遥, 等. 泡沫起泡性、稳定性及评价方法 [J]. 化学工程师, 2006, 20 (4)：51-54.

［31］ Husband F A, Sarney D B, Barnard M J, et al. Comparison of foaming and interfacial properties of pure sucrose monolaurates, dilaurate and commercial preparations [J]. Food Hydrocolloids, 1998, 12 (2)：237-244.

［32］ Saint-Jalmes A, Peugeot M L, Ferraz H, et al. Differences between protein and surfactant foams：microscopic properties, stability and coarsening [J]. Colloids and Surfaces A：Physicochemical and Engineering Aspects, 2005, 263 (1-3)：219-225.

［33］ 刘劲强, 郑炎松. 溶剂法合成亚磷酸二异丙酯 [J]. 化学试剂, 2007, 29 (6)：373-375.

［34］ 郑喜群, 陈仕学, 刘晓兰, 等. 蔗糖酯的合成方法及应用 [J]. 中国甜菜糖业, 1996, 54 (2)：24-28.

［35］ 樊国栋, 柴玲玲, 葛君. 环境友好型食品添加剂蔗糖酯的合成研究进展 [J]. 安全与环境学报, 2011, 11 (1)：14-18.

［36］ 闵严光, 陈树功, 高大维. 蔗糖酯合成新方法的研究 [J]. 华南理工大学学报（自然科学版）, 1995, 23 (5)：149-152.

［37］ 刘小杰, 何国庆, 袁长贵, 等. 蔗糖酯的合成工艺及其应用研究 [J]. 食品与发酵工业, 2001, 27 (11)：64-69.

［38］ 陈雪, 许虎君, 沈丹丹, 等. 蔗糖脂肪酸酯的合成与性能研究 [J]. 化学试剂, 2009, 31 (8)：631-634.

［39］ 孙果宋, 杨宏权, 李德昌, 等. 丙二醇法合成蔗糖脂肪酸酯工业性实验 [J]. 精细化工, 2007, 24 (5)：454-456.

［40］ Szczesna-Antczak M, Antczak T, Rzyska M, et al. Stabilization of an intracellular Mucor circinelloides lipase for application in non-aqueous media [J]. Journal of Molecular Catalysis B：Enzymatic, 2004, 29 (1)：163-171.

［41］ Kondamudi N, Mcdougal O M. Microwave-assisted synthesis and characterization of stearic acid sucrose ester：A bio-based surfactant [J]. Journal of Surfactants and Detergents, 2019, 69 (7)：693-701.

［42］ 王利宾, 李文林, 张强, 等. 微波辐射相转移催化下合成大豆油蔗糖多酯 [J]. 精细化工, 2010, 27 (2)：174-178.

［43］ Mostafaei M, Ghobadian B, Barzegar M, et al. Optimization of ultrasonic assisted continuous production of biodiesel using response surface methodology [J]. Ultrasonics Sonochemistry, 2015, 27 (1)：54-61.

［44］ Petkova N, Arabadzhieva R, Hambarliyska I, et al. Ultrasound-assisted synthesis of antimicrobial inulin and sucrose esters with 10-undecylenic acid [J]. Biointerface Research in Applied Chemistry, 2021, 11 (4)：12055-12067.

［45］ Vassilev D, Petkova N, Koleva M, et al. Optimization of ultrasound synthesis of sucrose esters by selection of a suitable catalyst and reaction conditions [J]. Journal of Chemical Technology and Metallurgy, 2021, 56 (2)：543-551.

［46］ Xu Y S, Hang F X, Li D C, et al. Synthesis technology for sucrose laurate via transesterification under ultrasonic irradiation condition [J]. Chemical Industry and Engineering Progress, 2013, 19 (3)：241-247.

[47] 张强，李文林，廖李，等. 植物油转化环境友好型润滑油的研究进展 [J]. 中国油脂，2008, 33 (9)：36-39.

[48] Mucsi G. A review on mechanical activation and mechanical alloying in stirred media mill [J]. Chemical Engineering Research and Design, 2019, 148 (6)：460-474.

[49] Rogachev A S. Mechanical activation of heterogeneous exothermic reactions in powder mixtures [J]. Russian Chemical Reviews, 2019, 88 (9)：875-900.

[50] Chen J, Li Y, Chen X, et al. Efficient solvent-free synthesis of sucrose esters via sand-milling pretreatment on solid-liquid mixtures [J]. Journal of Surfactants and Detergents, 2019, 22 (6)：1265-1520.

[51] 谢新玲，童张法，黄祖强，等. 机械活化淀粉与丙烯酰胺反相乳液接枝共聚反应的研究 [J]. 高校化学工程学报，2008, 2 (1)：44-48.

[52] 郑训飞. 蔗糖酯的分离提纯技术研究 [D]. 杭州：浙江工业大学，2015.

第3章

硫酸锰生产中的节能集成技术应用

3.1 工业硫酸锰生产概况

3.1.1 硫酸锰概况

硫酸锰是重要的微量元素肥料之一，可用作基肥、追肥以及用于浸种、拌种、叶面的喷洒；能促进作物的生长，增加产量；在畜牧业和饲料工业中，用作饲料添加剂，可使得畜禽发育良好，并有催肥效果。硫酸锰是一种白色或浅粉红色单斜晶系结晶，密度为 $3.25g/cm^3$，易溶于水，不溶于乙醇，加热到 200℃ 以上开始失去结晶水，约 280℃ 时失去大部分结晶水，700℃ 时成无水盐熔融物，850℃ 时开始分解，因条件不同放出的气体不同，如三氧化硫、二氧化硫或氧气。

世界上 80% 的锰产品来源于硫酸锰或硫酸锰溶液加工，硫酸锰作为一种基础锰盐，是生产电解金属锰、其他锰盐和锰氧化物的重要中间体，被广泛用于医药、化工、食品等领域，尤其在工业和农业方面，有着举足轻重的地位。我国是工业大国，除电解锰等基础锰盐的生产外，硫酸锰也被用于造纸、陶瓷及染料等工业中。随着国家大力发展新能源动力电池，新型的磷酸锰铁锂电池由于具有更高的能量密度、更宽的使用温度范围，越来越受到人们的重视。为得到用于生产锰酸锂的锰氧化物，首先必须获得高纯度的硫酸锰，因此，硫酸锰是锰系动力锂电池正极材料最重要、最基础的锰源材料。硫酸锰作为生产各类电子化学品的主要原材料，也被广泛用来制备二氧化锰、锂电池正极三元材料，即锰酸锂、四氧化三锰等材料，其消耗量及需求量在不断扩大。

根据锰元素含量及杂质离子含量的多少，可将硫酸锰分为以下几类。

（1）饲料级硫酸锰

饲料级硫酸锰是畜牧业、渔业不可或缺的锰补充剂，缺锰时会导致动物生长变慢。在饲料中添加适量的硫酸锰可调节动物和家禽的新陈代谢，促进造血功能、骨骼发育及增肥，提高产量。大量的锰元素会造成锰中毒，适量的锰元素对动植物有促进生长发育的作用，因其吸收很少，所以硫酸锰添加剂的含量不会太多。现行的国家标准 GB 34468—2017 规定，饲料级硫酸锰（一水硫酸锰）外观为略带粉红色的结晶粉末，硫酸锰含量

（以 $MnSO_4 \cdot H_2O$ 计）应达到 98%，Mn 含量应达到 31.8%，总砷量不大于 3mg/kg，含铅量不大于 5mg/kg，含镉量不大于 10mg/kg，含汞量不大于 0.2mg/kg，水不溶物含量不大于 0.1%，细度（通过 250 目筛）达到 95%。

（2）工业级硫酸锰

工业级硫酸锰主要用于化工、冶金、轻纺等工业，是油墨、涂料催干剂的合成原料，同时也用于合成其他锰盐产品。HG/T 2962—2010 中规定，工业级硫酸锰外观为白色或略带粉红色的结晶粉末，硫酸锰含量（以 Mn 计）应达到 31.8%，含铁量不大于 0.004%，氯化物含量不大于 0.005%，水不溶物含量不大于 0.04%，pH（100g/L 溶液）为 5.0~7.0。

（3）电池级硫酸锰

电池级硫酸锰为高纯度的硫酸锰，按照新的行业标准 HG/T 4823—2023 规定，可分为Ⅰ类和Ⅱ类，其中Ⅰ类一等品的硫酸锰含量（以 $MnSO_4 \cdot H_2O$ 计）应达到 99%，主要用于电池、电子工业，制备镍钴锰酸锂、锰酸锂等正极材料。因此，其对杂质含量要求更高，尤其是钙、镁离子，要求含钙量小于 0.01%，含镁量小于 0.01%。此外，对铁、锌、铜、铅、镉、钾、钠、镍、钴等离子也有相应的标准规定。

目前我国大部分企业多采用两矿一步法生产饲料级硫酸锰，只有个别厂家采用高温焙烧法，两者的区别是高温焙烧法生产的产品在品质上要优于两矿一步法。最近几年，新工艺、新设备、新材料在硫酸锰行业中也得到应用，如蒸汽机械再压缩（MVR）技术、连续脱水设备、新型烘干机等得到广泛应用，大大提高了硫酸锰行业的生产效率。近年来，我国硫酸锰行业发生了根本性的转变，工厂规模越来越大，已经出现产量达 20 万 t/a 的工厂，同时硫酸锰生产向具有成本优势的西部省份（如广西）转移。随着新能源汽车的快速发展，用于三元材料的高纯硫酸锰成为硫酸锰行业新的发展方向。全世界对硫酸锰的需求也在不断地增长，2020 年亚洲硫酸锰生产情况见表 3-1，2011—2020 年我国硫酸锰产量见图 3-1。

表 3-1　2020 年亚洲硫酸锰生产情况

国家	普通硫酸锰		高纯硫酸锰	
	产量/t	厂家数量/家	产量/t	厂家数量/家
中国	426000	19	311000	14
印度	144000	5	0	0
其他国家	80000	4	13000	2
总计	650000	28	324000	14

根据美国地质调查局（USGS）2022 年报告（图 3-2），南非是全球锰矿石资源储量最多的国家，储量达到 23000 万吨，乌克兰、巴西、澳大利亚、加蓬紧随其后，储量分别为 14000 万吨、11000 万吨、9900 万吨与 6500 万吨，中国锰矿石储量为 5400 万吨，位居第六。

锰资源分布不均匀是当前我国金属资源分布不均匀的显著特点之一（图 3-3），我国锰矿资源主要分布在广西与湖南等地区，2019 年广西与湖南地区锰矿资源储量分别为 15388.59 万吨与 1957.92 万吨。

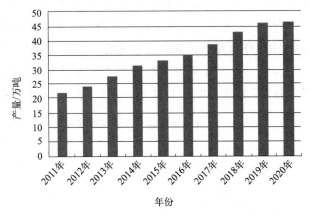

图 3-1　2011—2020 年我国硫酸锰产量

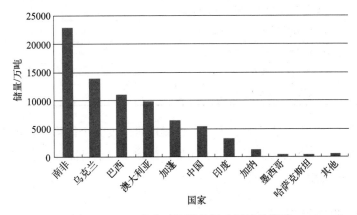

图 3-2　2019 年全球探明的锰矿石储量情况

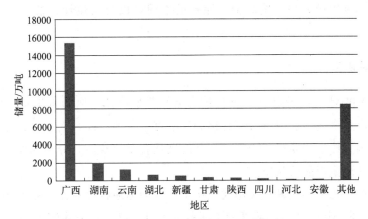

图 3-3　2019 年我国探明的锰矿石储量情况

受中国本土锰矿供应情况影响，中国锰矿石进口量持续扩大，从 2015 年到 2020 年我国锰矿石进口量逐年增长，进口量从 2015 年 1578.32 万吨增长至 2019 年的 3416.21 万吨，进口额从 19.94 亿美元增长至 63.6 亿美元，据统计，2020 年 1～10 月我国累计进口锰矿 2547.6 万吨，进口额为 40.2 亿美元。

中国规模以上从事锰矿石开采、洗选等相关业务的企业数量约 100 家，中国锰矿企业市场规模两极分化较为明显。中信大锰矿业、阿克陶科邦锰业等头部企业占据市场份额超过 50%。近三年来，受中国环保整顿影响，行业内存在开采作业不规范、开采过程污染大、开采流程能耗高等问题的小型企业基本处于停产整顿状态。据统计（表 3-2），2019年中国锰矿企业采矿量排第一的是中信大锰矿业有限责任公司，开采量为 179.9 万吨。

表 3-2　2019 年中国锰矿企业采矿量排名

序号	矿企名称	采矿量/万吨	所属地区
1	南方锰业集团有限责任公司大新锰矿分公司	179.9	广西
2	阿克陶科邦锰业制造有限公司	120	新疆
3	长阳古城锰业有限责任公司古城锰矿	44.6	湖北
4	南方锰业集团有限责任公司天等锰矿分公司	40	广西
5	松桃三和锰业集团有限责任公司	32	贵州
6	花垣县钰沣锰业有限责任公司	30.7	湖南
7	云南文山斗南锰业股份有限公司	30	云南
8	秀山县嘉源矿业有限责任公司	30	重庆
9	遵义天磁锰业集团有限公司	28.6	贵州

广西作为国内老牌南方硅锰第一大省，硅锰产量一度为全国第一，虽然随着北方厂家开工的增多，以及广西当地电费毫无竞争优势，当地不少老牌企业关停转产，但广西仍是南方第一大硅锰主产区。

3.1.2　硫酸锰的生产方法

硫酸锰有多种生产方法，按照生产原料的不同可以分为菱锰矿法、软锰矿法和副产品法。

3.1.2.1　菱锰矿法

菱锰矿（$MnCO_3$）与硫酸反应可直接生成硫酸锰溶液，所制备出来的硫酸锰溶液一般被用来制取电解金属锰、电解二氧化锰和碳酸锰等工业产品，而很少直接用来制取硫酸锰，这主要是因为伴生于菱锰矿中的 Ca、Mg 杂质含量比较高，分离起来又十分棘手，从而严重影响了硫酸锰产品的品质。

在传统生产工艺中，如果直接用菱锰矿生产硫酸锰通常会对锰矿有较高的要求，尤其是 Mg 的含量（以 MgO 计）一般都会要求控制在 1% 以下，但我国的锰矿资源有很大一部分都是品位低的贫矿，符合要求的高品位的菱锰矿比较少，选矿难度很大，同时，用菱锰矿法制得的硫酸锰产品的品质一般都比较低，因此现在用菱锰矿直接制备硫酸锰产品的厂家比较少。

针对传统工艺的不足，有人对其进行了改进并对工艺条件进行了优化，取得了一定的效果。其改进后的工艺采用轻质碳酸钙作中和剂，不仅能有效沉淀 Fe^{3+}、Al^{3+} 等杂质，

而且能有效沉淀 Ca^{2+}，并能使过量的硫酸转化为 $CaSO_4$ 沉淀，从而达到了初步净化的目的。与传统工艺中采用石灰乳作中和剂相比，除去杂质效果提高了 10%。在二次净化过程中加入适量可溶性草酸盐，保温 20min，即可达到二次净化的目的。用此工艺制备的硫酸锰可以达到 HT/G 2962—2010 工业硫酸锰的标准。另外，还有研究采用预焙烧处理低品位的菱锰矿，再通过酸浸制备硫酸锰，由于成本太高并未在实际生产中得到广泛应用。

3.1.2.2　软锰矿法

软锰矿（MnO_2）是用来制取硫酸锰的一种主要原料，我国大部分的硫酸锰生产企业都以软锰矿为原料，深入加工制得硫酸锰。软锰矿制取硫酸锰的工艺方法有很多，总的来说就是要将四价锰还原成二价锰，然后经过浸出和净化最终制得硫酸锰产品。根据具体生产工艺和生产原料的不同，可以将软锰矿法分为酸浸法、两矿一步法、高温焙烧法、硫酸亚铁还原浸出法、SO_2 还原浸出法和硫酸浸出法等。

（1）两矿一步法

两矿一步法就是将软锰矿、硫铁矿、硫酸等按一定的比例混合，然后在一定的温度下反应生成硫酸锰。将所得的硫酸锰混合物过滤洗涤，经过一系列的精制，过滤、浓缩结晶，干燥后就得到了硫酸锰产品。该法的实际生产过程如图 3-4 所示。

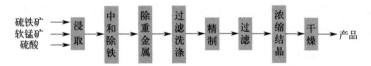

图 3-4　两矿一步法的生产工艺流程框图

该浸出反应是一个多相氧化还原反应，其反应机理比较复杂，目前较常用的反应式如式(3-1) 所示。

$$15MnO_2 + 2FeS_2 + 14H_2SO_4 \rightleftharpoons 15MnSO_4 + Fe_2(SO_4)_3 + 14H_2O \qquad (3\text{-}1)$$

在浸出过程中，影响浸出率的主要因素有：硫酸用量、硫铁矿用量、液固比、浸出温度、浸出时间等。另外硫铁矿的来源不同会导致其还原性有较大的差异。浮选得到的硫铁矿因表面粘有浮选剂而影响浸出反应的效果，并且硫铁矿放置过久后其表面会被空气氧化也不利于浸出。因此，使用原生矿的效果将会更好。

（2）SO_2 还原浸出法

SO_2 还原浸出法是近年发展起来的一种生产硫酸锰的新方法，尽管这种方法仍处在理论探讨和小规模实验探索中，生产技术尚未成熟，但这种方法却为有效利用软锰矿提供了一条新的途径。该流程主要是将软锰矿粉加水，混合搅拌均匀成浆状后通入 SO_2，直接反应制取硫酸锰。其基本反应如式(3-2)、式(3-3) 所示。

$$MnO_2 + SO_2 \rightleftharpoons MnSO_4 \qquad (3\text{-}2)$$

$$MnO_2 + 2SO_2 \rightleftharpoons MnS_2O_6 \qquad (3\text{-}3)$$

该生产方法的优点在于对软锰矿的要求不高，可以用较低品位的软锰矿，为充分利用贫锰矿开辟了新途径。同时，在生产过程中以 SO_2 为原料，充分利用了 SO_2，降低了环境污染。但该法仍存在副反应，例如式(3-2)为主反应，式(3-3)为副反应。由于以上反应在浆液中进行，可以认为 SO_2 先溶于水形成 H_2SO_3 后再与 MnO_2 反应。因为软锰矿浆与 SO_2 的反应比较复杂，在一般条件下很难控制各反应的进度，尤其是无法避免在最终产品中生成 MnS_2O_6。虽然 MnS_2O_6 很不稳定，会发生反应转化为硫酸锰，但 MnS_2O_6 的存在不仅严重影响硫酸锰产品品质，而且会降低硫酸锰的产率，因而这种生产方法仍有待改进。

（3）高温焙烧法

高温焙烧法是将软锰矿和硫铁矿干燥后并分别粉碎，然后以一定比例混合，所得混合物料在 $500\sim600℃$ 下焙烧 $0.5\sim1.0h$，再将焙烧后的熟料用稀硫酸溶液浸出，分离湿渣后进行除杂净化。湿料进行干燥、粉碎，最终的净化液经过蒸发、浓缩、离心分离，从而制得硫酸锰。其反应式如式(3-4)所示。

$$8MnO_2 + 4FeS_2 + 11O_2 =\!=\!= 8MnSO_4 + 2Fe_2O_3 \tag{3-4}$$

该法实质在于用硫铁矿把软锰矿中的 Mn^{4+} 还原成 Mn^{2+}，同时软锰矿中的 MnO_2 和空气中的 O_2 作氧化剂将硫铁矿中的硫氧化成 SO_4^{2-}。这种方法不需要消耗硫酸，同时浸出率高、能耗低、生产工艺较为简单、劳动强度较小且环境污染小，能有效节约生产成本，带来较大的经济效益。在富锰矿逐渐衰竭的背景下，该法可成为工业上直接有效利用低品位贫矿的一条有效途径。

（4）硫酸亚铁还原浸出法

用硫酸亚铁还原浸出法制备硫酸锰时，其产物随反应环境介质酸度的不同会产生三种不同的产物：

① 在 $pH=7$ 的溶液环境中，如式(3-5)所示。

$$MnO_2 + 2FeSO_4 + 2H_2O =\!=\!= Fe(OH)SO_4 + MnSO_4 + Fe(OH)_3 \downarrow \tag{3-5}$$

② 在弱酸性溶液环境中，如式(3-6)所示。

$$MnO_2 + 2FeSO_4 + H_2SO_4 =\!=\!= 2Fe(OH)SO_4 \downarrow + MnSO_4 \tag{3-6}$$

③ 在强酸性溶液环境中，如式(3-7)所示。

$$MnO_2 + 2FeSO_4 + 2H_2SO_4 =\!=\!= Fe_2(SO_4)_3 + MnSO_4 + 2H_2O \tag{3-7}$$

不管在 $pH=7$ 的溶液环境还是在酸性溶液环境中，硫酸亚铁均可以把 MnO_2 还原成硫酸锰，但是为了防止在浸出过程中反应生成氢氧化铁和碱式硫酸铁沉淀（其会覆盖在软锰矿的表面），从而影响浸出反应的正常进行，可以将浸出反应控制在酸性环境介质中进行。

由以上的生产工艺可以看出，不管采用何种生产方法，首先都需要把 Mn^{4+} 还原成 Mn^{2+}，再进一步反应生产硫酸锰溶液，以进行后续的蒸发结晶操作。

3.1.3 蒸汽机械再压缩（MVR）技术的国内外发展现状与趋势

蒸汽机械再压缩（MVR）技术是采用机械压缩的方法，将二次蒸汽的温度、压力提高后作为加热蒸汽使用的一种技术。蒸汽机械再压缩技术的原理如图 3-5 所示。原溶液进入系统，与返回母液及循环液混合后进入蒸发器，吸热蒸发。蒸发出的蒸汽（二次蒸汽）被压缩机吸入，经压缩升温升压后送入到蒸发器内放热冷凝，冷凝水可直接排放或作为其他工序用水。蒸发后的晶浆液，当其浓度达到要求时送到结晶罐中进行结晶。通过离心分离，分离出的母液返回到系统继续参与循环，而分离出的结晶产品进行干燥后包装并市场销售，由此就实现了对硫酸锰蒸发二次蒸汽的再利用。

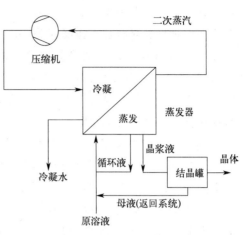

图 3-5 MVR 技术的工作原理图

　　MVR 技术回收利用了二次蒸汽的潜能，避免了将二次蒸汽冷凝排出而造成的能源浪费，同时省却了冷凝系统，简化了设备流程，使操作大为简化。通过热量计算可知，将能量品位较低的蒸汽提高到作为加热蒸汽的水平所消耗的能量，要比将水加热到相同蒸汽状态所需要的能量小得多。以水为例，将 60℃ 的水加热为 80℃ 的加热蒸汽时，所需热媒提供的热量为 2391.9kJ/kg，而由 60℃ 的蒸汽加热为 80℃ 蒸汽时，所需要的能量仅为 34.27kJ/kg。因此 MVR 技术只需少量的动力输入就可以维持系统的运行，而无需如多效蒸发那样为获得生蒸汽消耗大量的能量，从而节省了能源。

　　我国有关 MVR 技术的研究起步较晚，20 世纪 70 年代末，有研究者对该技术进行了初步试验，试验结果显示，该技术效果明显[1]。四川省自贡市张家坝化工厂于 1989 年引进了一套 MVR 制盐装置，由于设备维护不善等，后来被逐步淘汰[2]。此后对该技术的研究实质性进展很少。目前，国内部分高校和科研院所对该技术开展了深入细致研究，为国内 MVR 技术的发展提供了理论基础。天津海水淡化与综合利用研究所是国内一家较早从事 MVR 技术研究的单位之一，该所主要在海水淡化领域上采用 MVR 技术进行节能蒸发的技术攻关，并进行产业延伸发展。从 20 世纪 90 年代以来，该所研制出了多套应用于海水淡化生产的 MVR 装置，已报道的系统有：1990 年新疆沙漠油田 30m³/d 系统、1993 年大连长海县 30m³/d 系统以及 2003 年研制运行的山东黄岛 60m³/d 系统等[3]。随着 MVR 成为研究热点，南京航空航天大学也加入了对 MVR 技术的理论和实验研究，并与江苏省乐科热力科技有限公司展开合作，目前已取得不俗的科研成果[4,5]。大连理工大学、中国科学技术大学也分别对 MVR 海水淡化技术进行了实验研究，均取得了良好结果。此外，对 MVR 技术开展相关研究的还有多所高校和科研机构，诸如中国科学院理化技术研究所、西安交通大学、北京工业大学等。

　　国外是 MVR 技术的发源地，但由于当时能源供应充足且价格便宜，同时科技发展水平相对落后，压缩技术还存在很多制约因素，MVR 技术长期以来没有引起广泛的关注。在 20 世纪 20 年代早期就有了对 MVR 技术的研究。20 世纪 50 年代，该技术就被运用于实际生产中。1957 年德国 GEA（Global Engineering Alliance）公司为解决蒸发分离操作过程消耗大量蒸汽的问题，相继商业化地开发了 MVR 蒸发系统。GEA 公司在该领域研究一直处于领先位置，目前 GEA 的 MVR 系统已被应用于食品工业、制药制造业、化学工业、制盐工业、工业废水浓缩等领域。应用实践表明，GEA 公司的 MVR 技术用于油罐车清洗工业废水浓缩时的耗能仅为 16.4kW·h/t；用于浓缩各类型乳清制品和乳制品的能耗约为 9.8kW·h/t；处理高浓度有机废水（小麦淀粉）时的能耗为 13.5kW·h/t。如前所述，MVR 系统消耗的能量很少[7]。20 世纪 70 年代，随着能源危机的到来，对能源需求的快速增加及能源的价格飞速上涨，MVR 技术逐渐引起各国研究者的研究兴趣，并被成功应用于蒸发的单元操作中[6]。

20 世纪 90 年代是 MVR 技术发展较快的时期。1999 年美国通用电气公司开始对 MVR 技术在原油开采产生废水回收蒸发上的应用进行研发[8]。目前开发出的 MVR 系统已应用于重油开采废水回收处理中[9]，据报道[10]，该系统 1t 水的能耗约 15～16.3kW·h，这是加热蒸汽驱动的单级蒸发系统的 1/50～1/25。美国 Swenson 公司也在能源成本不断增加的压力下开发 MVR 系统。其公司的 MVR 系统将 1t 的蒸汽从 0.0972MPa 提升到 0.157MPa 所需的能量仅为 31.8kW·h，而采用传统的方法达到相同的要求则需要 644kW·h 的能量。Swenson[11] 公司的 MVR 系统应用在制碱生产中获得了不错的效果。2000 年美国 Aqua-Pure 公司开发出了由 Fountain Quail Water Management 经营的采用 MVR 技术的 OMAD-2000 移动式油田蒸发器。该系统中蒸发器利用紧凑板框式换热器而非传统的内循环强制蒸发器，并且采用升膜流向设计，在表面上发生沸腾，最大限度地避免了污垢的产生和沉积。用该系统处理油田废水，每蒸发出 1t 水仅需要消耗 32.6kW·h 的热量，若采用传统的锅炉自产蒸汽蒸发，相同条件下则需要 651kW·h 的热量，可见，MVR 技术的能耗比传统蒸发能耗小得多，仅约为后者操作的 5%，效率显著提高[12,13]。

2004 年美国 FMC Technologies 公司在综合其他 MVR 技术基础之上，充分发挥其在该技术领域的优势，开发出一种刮膜旋转盘的 MVR 水处理系统（wiped film rotating disk，即 WFRD）。WFRD 系统各效的传热面采用旋转盘形式，大大提高了传热效率，而且明显减小了钙镁污垢的生成，使系统的规模得到减小，其总传热系数高达 25 kW·m²/℃。目前，该系统的实验室测试运行良好，达到验收要求并在生产领域实现应用。

除了以上所列的公司，奥地利的 GIG Kapasek、德国的 MAN Diesel & Turbo、瑞士的 Evatherm 等对 MVR 水处理技术也进行了应用研究和推广。中东国家由于长期缺水，MVR 技术的研发重点主要在海水淡化领域的应用研究。可见，MVR 技术已受到国内外研发大公司的广泛关注，并不断得到应用和发展，尤其在海水淡化领域。据统计，在世界范围内 MVR 技术在蒸发分离系统中约占有 33% 的份额。国外 MVR 工业应用实例见图 3-6。

硫酸锰的溶解度随着温度的升高而降低，由于这一逆溶解度现象的存在，为了降低蒸发结晶过程的能耗问题，采用多效蒸发可以显著降低蒸发的能耗，但对于硫酸锰蒸发体系，初始蒸发温度越高，硫酸锰晶体越容易过早析出晶体，进而使换热管堵塞，因而，在预浓缩阶段，需要用低温蒸汽进行加热。但如果低温蒸汽温降太多，蒸发的效率明显下降，就需要将低压蒸汽进行再压缩，提高二次蒸汽的温度，使多效蒸发在

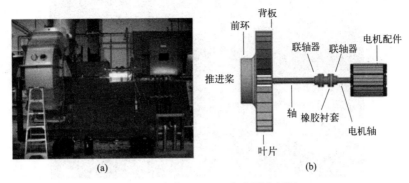

图 3-6　国外 MVR 工业应用实例图

较高效率下进行连续蒸发，因而将多效蒸发耦合 MVR 技术应用于硫酸锰蒸发结晶是一条可行的途径。

3.2　案例过程分析

3.2.1　传统硫酸锰厂的蒸发结晶工艺

硫酸锰生产过程中，经过化合工序的反应，MnO_2 被还原成 Mn^{2+}，并与硫酸反应生成硫酸锰溶液，经过沉淀、过滤等工序除杂后，由反应工段得到的硫酸锰溶液的一般浓度仅为 32 波美度（°Bé）。硫酸锰在水中的溶解度随着温度的上升而下降，高温蒸发虽然效率高，但容易造成局部过热而析出硫酸锰晶体，导致设备板结严重，因此常采用常压蒸发。硫酸锰的蒸发温度约为 105℃，工业生产中需把硫酸锰浓缩到 60°Bé 以上，才能使硫酸锰结晶出合格的产品，因此需要对硫酸锰溶液进行蒸发浓缩，这需要消耗大量的蒸汽。传统的硫酸锰生产工艺中，生产 1t 的硫酸锰晶体产品，需要消耗约 4.25t 生蒸汽，折算下来，蒸发硫酸锰原料液中 1t 水，则需要消耗约 1.25t 的蒸汽。蒸发出来的蒸汽直接排入环境中，造成大量的能源浪费，这在硫酸锰生产中比较普遍。国家主席习近平在 2020 年 12 月 12 日全球气候雄心峰会上通过视频发表题为《继往开来，开启全球应对气候变化新征程》的重要讲话，郑重宣布：中国将提高国家自主贡献力度，采取更加有力的政策和措施，力争 2030 年前二氧化碳排放达到峰值，努力争取 2060 年前实现碳中和。因此，国家对能源消耗的控制将越来越严格，传统粗放式生产将难以支撑工业高质量发展的要求，"节能降耗"将成为未来我国工业发展的主旋律。因此，针对硫酸锰生产过程中，如何提高蒸发浓缩过程中的节能效率、降低单位产品的能源消耗，提高能源的利用效率，对企业的长远发展具有重要的意义。

广西某硫酸锰厂的生产工艺采用传统的蒸发工艺，一般直接将 32°Bé 的稀硫酸锰溶液直接加入蒸发结晶器中进行敞开蒸发，如图 3-7 和图 3-8 所示。

传统的蒸发工艺存在一些缺点，首先，蒸发出来的蒸汽直接排放到空气中，造成二次蒸汽的浪费，同时对生产操作环境造成很大的污染。在夏天，车间内温度、湿度都很高，而在冬天，蒸发出来的水蒸气凝结成水，水混合车间中飘散的硫酸锰粉尘，形成良好的导

图 3-7　硫酸锰敞开式蒸发釜

图 3-8　硫酸锰生产工艺车间图

电溶液，容易使车间内的电气设备短路，存在一定的安全隐患。其次，传统的蒸发工艺还有一个明显缺点，即设备的结垢板结现象严重。由于蒸煮的时间长（一般蒸发一批物料需要 8h 左右）、工厂使用的加热用生蒸汽的温度比较高（一般是压力为 10bar❶、温度为 158℃左右的生蒸汽）、硫酸锰的局部过饱和度大、硫酸锰晶体容易发生瞬间析出而造成严重结垢，因此进一步降低蒸发过程的传热效率。随着时间的延长，前期析出的硫酸锰板结在加热管内成为良好的晶种，为后续晶体的生长提供了可能。由于加热管上板结的硫酸锰晶体随时间的延长而恶化，清理起来费时费力（工厂一般 1 周左右大清理一次），因此多数情况下，传统工艺的蒸发效果较差、蒸发耗时长、蒸发效率低下。综上，对传统蒸发工艺的技术进行升级改造，使生产进一步节能降耗势在必行。

3.2.2　改造案例工艺方案分析

硫酸锰溶液结晶温度越低，其所含结晶水就越多，在高于 27℃以上的温度下，随着温度的升高，结晶体中结晶水含量降低，在 100℃左右时，可结晶出一水硫酸锰，在 26℃时，可结晶得到四水硫酸锰，在 9℃时，可结晶得到七水硫酸锰。

当有硫酸存在时，硫酸锰的溶解度显著降低，如在 25℃时，溶液中含有 40.8% 的硫酸时，硫酸锰的溶解度为 3.8%；如果含有 62% 硫酸时，则硫酸锰的溶解度为 0.5%；当

---

❶　1bar＝100kPa。

硫酸浓度低于 62% 时，固相是硫酸锰。硫酸锰在水中的溶解度随着温度的升高而降低，这一反常的现象对硫酸锰的浓缩操作有不利的影响。为提高浓缩液的浓度同时避免体系蒸发过程中发生过早结晶析出，需要在较低的温度下进行浓缩操作。表 3-3 为硫酸锰的溶解度随温度的变化。

表 3-3　硫酸锰溶解度

温度/℃	0	10	20	30	40	50	60	70	80	90	100	120
溶解度/(g/100g)	52.9	—	62.9	62.9	60	—	53.6	—	45.6	36.4	28.8	21.0

资料来源：《化学化工物性手册》。

注：溶解度指每 100g 水中能溶解的硫酸锰的质量。

按照硫酸锰溶解度表绘制硫酸锰溶解度曲线（图 3-9）。

由图 3-9 可看出，在约 27℃ 时，溶解度最高，达 62.9g/100g，虽然此时的浓度最适合预浓缩蒸发，但由于温度过低，蒸发的效果并不理想。

目前，硫酸锰厂化合车间制备的硫酸锰溶液的初始浓度为 30～32°Bé，根据波美度和相对密度之间的换算公式可得 30°Bé 的硫酸锰溶液的相对密度：$144.3 \div (144.3-30) = 1.262$。根据企业提供的数据进行回归，波美度和浓度之间的换算关系：溶液中一水硫酸锰的浓度 $c(\text{g/L}) = 0.001267 \times °\text{Bé}^3 + 0.06369 \times °\text{Bé}^2 + 8.05366 \times °\text{Bé} - 0.3592$。由此可计算得硫酸锰的含量为 297～325g/L，硫酸锰溶液的密度为 1262～1284kg/m³。本计算中设硫酸锰初始浓度为 31°Bé，可计算出相对密度为 1.274，硫酸锰含量为 311g/L。图 3-10 为硫酸锰密度和波美度之间的换算关系。

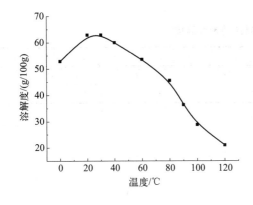

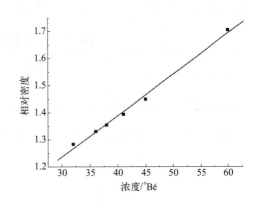

图 3-9　硫酸锰的溶解度曲线　　　　图 3-10　硫酸锰溶液浓度与密度之间的换算关系

（1）硫酸锰溶液蒸发过程中的硫酸锰浓度-含水量曲线

为了便于表示蒸发过程中硫酸锰溶液浓度的变化，根据溶解度曲线计算各硫酸锰溶液（含水量由原来的 1000kg 依次递减 60kg 的溶液）的浓度，递减的水的质量折算成体积量。剩余的硫酸锰溶液按扣减后的体积计算硫酸锰浓度。按开始蒸发时的 31°Bé 来计算，硫酸锰含水量为 $1000 - 60 = 940$kg 时的浓度为 $311\text{kg/m}^3 \div \left(\dfrac{1000\text{kg} - 60\text{kg}}{1000\text{kg}} \right) = 331\text{kg/m}^3$。计算结果如表 3-4 所示。

表 3-4　硫酸锰溶液中含水量随浓度的变化

硫酸锰浓度/(kg/m³)	311	331	353	379	409	444	486	536	598	676	778	915
含水量/kg	1000	940	880	820	760	700	640	580	520	460	400	340

依此绘制硫酸锰浓度-含水量曲线，如图 3-11 所示。

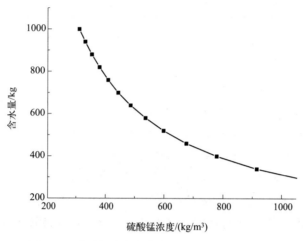

图 3-11　硫酸锰浓度与其溶液含水量之间的关系

（2）不同浓度下的硫酸锰饱和温度曲线

由表 3-3 列出的不同温度下硫酸锰的溶解度对应关系，通过内插法可计算出表 3-4 中各浓度所对应的饱和温度，如表 3-5 所示。

表 3-5　不同浓度所对应的饱和温度

硫酸锰浓度/(kg/m³)	311	331	353	379	409	444	486	536	598	676	778	915
含水量/kg	1000	940	880	820	760	700	640	580	520	460	400	340
饱和温度/℃	97	94.7	91.4	88.4	85.1	81.3	72.5	60	40.5	30.2	—	—

依据表 3-5 的数据绘图，如图 3-12 所示。

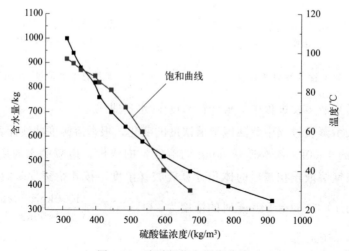

图 3-12　硫酸锰饱和温度曲线

（3）沸点变化曲线

硫酸锰溶液在结晶终点的沸点最高为 104℃，结晶过程中的沸点变化幅度不大，按此绘制硫酸锰蒸发的沸点变化曲线（如图 3-13 所示）。

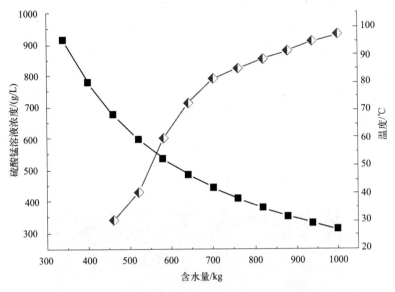

图 3-13　沸点变化-硫酸锰浓度曲线

由以上的分析可知，为了充分回收蒸发的二次蒸汽，在保证硫酸锰不提前析出晶体的前提下，可利用 78℃的低温二次蒸汽将硫酸锰溶液的浓度由 32°Bé 预浓缩到 45°Bé，大大提高一次蒸汽的利用率。但为降低工业化技术改造的技术风险，有必要对该过程进行中试放大实验，同时在放大之间可利用计算机模拟技术进行模拟，以指导中试试验设计及工业化技术改造设计。

3.2.3　硫酸锰多效蒸发中试试验

硫酸锰溶液的蒸发过程中，随着蒸发温度的升高，硫酸锰的溶解度反而下降，因此溶液中会出现硫酸锰过早结晶的现象，进而影响到蒸发脱水的连续进行，这一反常的现象使得普通的多效蒸发器难以应用在硫酸锰蒸发中，目前，这一方面的实验数据及相关研究报道得较少，为保证技改项目的顺利实施，有必要对该多效蒸发过程进行中试试验探索。

3.2.3.1　试验设备简介

实验采用的盘管式多效蒸发器系统如图 3-14 所示，主要包括一效蒸发器、二效蒸发器、强制循环泵、循环水式真空泵、计量罐、蒸汽发生器等。

蒸发流程：物料在一效蒸发器中被加热，二次蒸汽被真空吸往二效蒸发器加热盘管用于加热二效硫酸锰溶液，二效蒸发器蒸出的蒸气经过换热器冷凝、计量，一效的蒸气在二效中的凝结液用计量罐进行收集，没有冷凝的一效蒸汽被冷凝器冷凝收集，并进行计量，物料通过强制循环泵进行强制搅拌。中试实验现场图如图 3-15 所示。

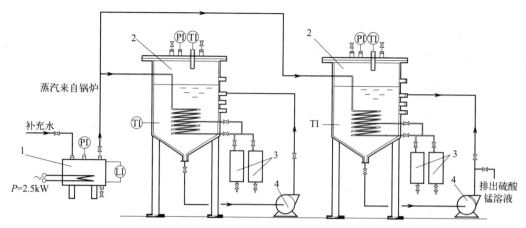

图 3-14 中试装置实验工艺流程图

1—蒸汽发生器；2—蒸发器；3—排液器；4—强制循环泵

图 3-15 中试试验现场照片

3.2.3.2 现场试验

试验设备主要参数如表 3-6 所示。

表 3-6 试验主要设备参数

名称	主要技术参数	数量
强制循环泵	功率 4kW,流量 10m³/h	2 台
循环水式真空泵	功率 0.15kW,抽气速率流量 50L/min	2 台
蒸汽发生器	功率 3kW,额定蒸发量 4.3L/h	1 台
管道	直径 20mm	—
蒸发器	直径 50cm,盘管 6m,面积 0.471m²	2 台
换热器	列管式,管数 6 根,管径 15mm,管长 50cm,换热面积 0.15m²	2 台
计量罐	容积 8L	8 个

3.2.3.3　试验方案

试验方案流程图如图 3-16 所示。

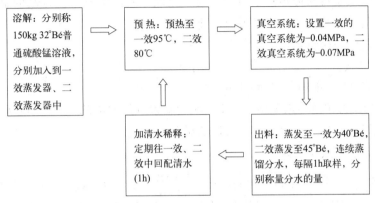

图 3-16　中试试验方案流程图

3.2.3.4　试验步骤

试验的过程及步骤描述如下：

原料硫酸锰由硫酸锰生产企业从生产线上用桶装运到试验现场，经现场测量其浓度大约为 34～36°Bé，通过计（称）量后采用真空自吸加入一效、二效蒸发器中，要求加入的硫酸锰要完全浸没加热盘管，加入的硫酸锰约为 150kg/釜。开启蒸汽发生器，向一效蒸发器提供热量，对硫酸锰溶液进行预热，液相温度预热到一效 95℃、二效 80℃，开启真空泵，控制一效的真空度为 −0.04MPa、二效为 −0.07MPa，同时开启强制循环泵，在稳定的情况下，考察生蒸汽的冷凝液量、一效蒸发蒸汽的冷凝液量，以及二效蒸发蒸汽的冷凝液量。

3.2.3.5　实验结果处理过程

（1）系统的热量衡算

由于系统中的产热主要是生蒸汽加热和强制循环泵做功产生的热量，为了扣除循环泵做功产生的热量，在不加热的情况下，二效蒸发釜内的溶液用强制循环泵循环 1h，并测量釜中液体的温度变化情况：150kg 硫酸锰溶液由 81℃下降至 66℃，同时，由于抽真空，冷凝液以 2.5kg/h 排出。常压下蒸汽因冷凝而释放出的潜热 $H_{潜}=2263$kJ/kg，硫酸锰的比热容 $c_p=3.15$J/(kg·℃)，所以循环做功提供的热量：

$$Q_1=mc_p\Delta T=\frac{150\text{kg}\times 3.15\text{kJ/(kg·℃)}\times(81℃-66℃)/2}{1\text{h}}=3543.75\text{kJ/h}$$

$$Q_2=2.5\text{kg/h}\times 2263\text{kJ/kg}-Q_1=2113.75\text{kJ/h}$$

折算成蒸汽潜热：

$$m=\frac{2113.75\text{kJ/h}}{2263\text{kJ/kg}}=0.93\text{kg/h}$$

　　这也就意味着，每小时由于强制循环泵的工作，会使得0.93kg的水蒸发为水蒸气，这部分应从冷凝液中扣除。

　　对于一效蒸发器的传热膜系数计算，应以1h的生蒸汽冷凝液量作为计算传热量的基准，而对于二效蒸发器的传热膜系数计算时，应以二效蒸发器二次蒸汽的量减去0.93kg的量作为计算值。以某实验点数据为例，计算如下：

　　一效蒸发器的传热膜系数：

$$K_1 = \frac{2.9\text{kg}}{3600\text{s}} \times \frac{2263\text{kJ/kg}}{0.012\text{m} \times \pi \times 6\text{m} \times (107℃-100℃)} = 1151.33\text{W/(m}^2 \cdot ℃)$$

　　式中，2.9kg为生蒸汽的凝液量；2263kJ/kg为蒸汽的潜热；0.012m为盘管的直径；6m为盘管的长度；（107℃−100℃）为传热温差。

　　二效蒸发器的传热膜系数：

$$K_2 = \frac{\dfrac{3.3\text{kg}-0.93\text{kg}}{3600\text{s}} \times 2263 \times 1000\text{J/kg} + \dfrac{150\text{kg}}{3600\text{s}} \times 3.15\text{kJ/(kg} \cdot ℃) \times (80℃-78℃)}{0.012\text{m} \times \pi \times 6\text{m} \times (98℃-80℃)}$$
$$= 430.4\text{W/(m}^2 \cdot ℃)$$

　　式中，0.93kg为扣除的循环泵做功产生的热量；（98℃−80℃）为一效蒸汽与二效液相的温差。其他组数据也如此处理。

　　（2）一效、二效蒸发器蒸发浓度的确定

　　因为硫酸锰的蒸发过程中，随着温度升高，硫酸锰的溶解度下降，因此最大量的分水和更好地控制蒸发过程的连续性而不使结晶过早地产生，是工业化过程的关键。硫酸锰的溶解度随着温度的升高而降低，在约27℃时，溶解度达到最高，约62.9g/100g，在200℃时，溶解度仅为7g/100g。为了充分利用一效蒸汽的热量，一效蒸发出来的蒸汽温度不能太低，否则其加热的效果会急剧下降；但其温度又不能太高，否则会导致结晶的析出，进而限制浓缩液浓度的提高。通过预实验发现，如果一效液相的温度达到100℃，当一效硫酸锰的浓度刚达到38°Bé时就开始有硫酸锰结晶体析出，如图3-17(a) 所示。而此时其对应的蒸汽温度也达到98℃，用于加热二效蒸发釜的液相温度可升到90℃，此时二效硫酸锰的浓度刚浓缩到40°Bé就开始出现结晶体，如图3-17(b) 所示，其对强制循环泵的机械密封磨损严重。

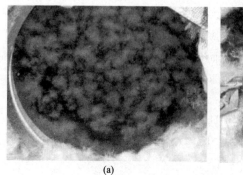
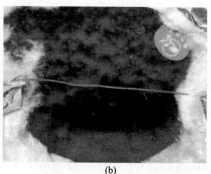

（a）　　　　　　　　　　（b）

图3-17　一效结晶体 (a) 和二效结晶体 (b)

通过预实验发现，如果控制一效蒸发器的温度稳定在 90℃ 左右，则一效的浓度可以提高到 41°Bé，而二效的温度则可稳定在 78℃，二效的浓度也可以提高到 45°Bé 而不出现结晶现象，如此既可以保证系统的平稳运行，又可以充分利用二效蒸汽。

开始选用的蒸汽发生器的额定蒸发量为 4.3kg/h，但盘管的换热面积较小，仅为 0.226m²，过量蒸汽来不及冷凝而导致盘管内的蒸汽压力不断上升，生蒸汽的温度也随着上升，系统不稳定，因此通过改进，在蒸汽总管上增加了分流管，用以控制蒸汽的加入量，从而使系统能稳定蒸发。

（3）能耗及经济效益分析

直接蒸汽加热方式中蒸发 1t 水消耗的生蒸汽为 1.25t。以某次实验数据为例，对多效蒸发方式的计算如下：

生蒸汽 1h 的凝液量为 2.9kg，一效蒸汽 1h 的凝液量为 3kg，二效蒸汽 1h 的凝液量为 3.3kg，扣除掉两台循环泵 1h 做功所产生的热量，即 $2 \times 0.93kg = 1.86kg$，则实际 1h 每蒸发 1kg 水需要消耗的蒸汽量为 $2.9kg/(3kg + 3.3kg - 1.86kg) \times 1kg = 0.65kg$，这也就意味着如果蒸发 1t 的水，则只需要 0.65t 的生蒸汽，这要比现在的工艺要节能 50% 以上，完全达到预期的目标。

保守估算如从 32°Bé 预浓缩至 43°Bé，经计算得预浓缩需蒸发的水分占直接浓缩结晶需蒸发水分的 40.4%，已知每生产 1t 硫酸锰产品需蒸发 3.13t 水左右，蒸汽价格为 170 元/t，每蒸发 1t 水消耗蒸汽 1.25t（硫酸锰厂生产数据），则采用多效蒸发预浓缩再结晶生产 1t 硫酸锰产品的成本：

$$3.13 \times 0.65t \times 170 \text{ 元}/t \times 40.4\% + 3.13 \times (1 - 40.4\%) \times 1.25t \times 170 \text{ 元}/t = 536.14 \text{ 元}$$

目前硫酸锰厂采用敞开式盘管蒸发工艺进行硫酸锰浓缩结晶，按 1t 硫酸锰产品消耗 4.24t 蒸汽（2010 年实际指标情况，扣除化合工的蒸汽消耗），蒸汽价格按 170 元/t 计，其综合能耗成本为 720.8 元/t。如果采用硫酸锰多效蒸发预浓缩再结晶生产 1t 硫酸锰产品，可节约能耗成本：720.8 元 − 536.14 元 = 184.66 元。

按硫酸锰厂年产 2 万 t 硫酸锰计，则每年可节约成本：2 万 t × 184.66 元/t = 369.32 万元。如按设备投资评估改造费用约 350 万元，不到 1 年即可收回成本。

（4）中试试验结果与讨论

① 液相主体温度对传热膜系数的影响。从图 3-18、图 3-19 可以看出，在不同的温度下，液相主体的温度对传热膜系数有密切影响，但其总的趋势是随着温度的升高，一效、二效的传热膜系数均增大，因此比较高的液相温度有利于硫酸锰的蒸发。从试验的结果来看，本试验系统数据点的密度分布主要在一效液相温度为 96℃，而二效的液相温度在 77℃ 时，此时一效的传热膜系数约为 1200W/(m²·℃)，二效的传热膜系数约为 370W/(m²·℃)。但是液相温度过高会造成局部过热，进而引起结晶的析出，不利于操作的进行。试验的优化的结果：一效的液相温度为 95℃，二效的液相温度为 80℃ 左右。

② 一效、二效换热面积对传热膜系数的影响。为了研究换热面积与传热效率的影响关系，试验设计在不同换热面积下测定体系的传热膜系数，实验中通过关闭盘管间的阀门来调整蒸发器的换热面积。实验结果如表 3-7 所示。

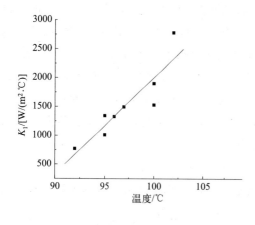

图 3-18　一效传热膜系数 K_1 与
一效液相温度的关系图

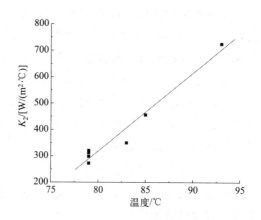

图 3-19　二效传热膜系数 K_2 与
一效液相温度的关系图

表 3-7　换热面积与传热膜系数 K_1/K_2 的关系

蒸发器	传热面积/m²	传热膜系数/[W/(m²·℃)]
一效	0.113	650
	0.226	875
二效	0.113	240
	0.226	320

由表 3-7 可知，对一效蒸发器，当加热面积为 $0.226m^2$ 时，一效蒸器的传热膜系数为 $875W/(m^2 \cdot ℃)$，而当把换热面积减小为 $0.113m^2$ 时，传热膜系数降为 $650W/(m^2 \cdot ℃)$。对于二效蒸发器，其传热膜系数亦有同样的变化趋势，即当加热面积为 $0.226m^2$ 时，二效蒸器的传热膜系数为 $320W/(m^2 \cdot ℃)$，而当把换热面积减小为 $0.113m^2$ 时，传热膜系数降为 $240W/(m^2 \cdot ℃)$。对于蒸发器来说，传热面积越大，蒸发的冷凝量也越大，折算出的传热膜系数相应也变大，但其与传热面积并不是成比例的变化关系。这可能主要是由于本实验中所选用的加热管内径比较小（DN12），且盘管的坡度比较小，蒸汽在冷凝成液体后，会在管内形成积液。当选用全管 $0.226m^2$ 换热面积时，由于液位比较低，管内会有一定的液体积存在管内，所以，增大换热面积时，体系的传热膜系数增加不是太明显；而采用上端半管时（$0.113m^2$），液体能够及时排除，所以传热膜系数相对较高。因此在工业化设计时，应充分考虑及时排出冷凝液的措施。

③ 一效蒸发器循环泵流量对传热系数的影响。为了考察蒸发釜内搅拌状况对传热膜系数的影响，试验通过调节一效循环泵流量来调节强制搅拌对传热的影响，结果如图 3-20 所示。

由图 3-20 可知，随着强制循环泵流量的增加，一效传热膜系数也增大，蒸发器蒸发的冷凝液量也增加，不过随着流量的继续增大，流量的增大对传热膜系数的影响变小，并趋于一个饱和值，当流量 Q 达到 $6m^3/h$ 时，强制搅拌的效果已不明显。而流量达到 $10m^3/h$ 时，传热膜系数又有所增加，这主要是由于随着流量的继续增大，强制循环所产生的热量也跟着增加，宏观上表现为机泵所做的功增大，所以蒸发的水量也继续增加。一

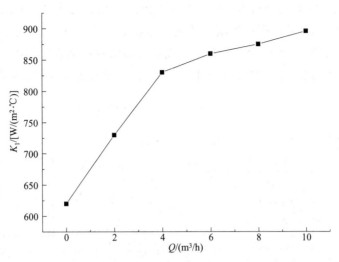

图 3-20 一效传热系数 K_1 与强制循环泵流量的关系

般来说，对于间壁式换热器，间壁两侧的层流内层厚度对传热效率有明显的影响，层流内层越厚，传热热阻越大，而通过强制对流可有效降低水力管表面的层流内层厚度，进而提高传热膜系数。

3.2.3.6 中试试验结论及建议

① 改进后的试验效果有明显的改善，系统连续运行 7 天，其蒸发能耗基本稳定；试验中盘管基本没出现结晶的现象，能达到预期目标，满足节能设定的 40% 以上的节能目标；只要控制好硫酸锰蒸发的温度，以及一效、二效中硫酸锰的浓度，盘管式加热完全可以适用于硫酸锰的预浓缩。

② 通过本次试验及总结分析，认为多效蒸发预浓缩工艺能满足工业化的要求，而且通过经济效益评估可知，实现工业化生产后，不但可以大大减轻工厂生产环境的污染问题，而且可以获得比较好的经济效益。

③ 根据硫酸锰的生产工艺，如果能够充分把蒸煮结晶工段产生的蒸汽加以回收利用，则节能的效果会更加明显。根据目前硫酸锰厂的实际生产情况，2bar 加热蒸汽的温度可以达到 120℃，完全满足设备的要求。如果用厂外 180℃ 的蒸汽，其产生的蒸汽被利用的价值更高。

3.2.4 硫酸锰多效蒸发计算机模拟计算

根据以上的分析，在确定硫酸锰溶液二效蒸发的各效蒸发温度的基础上，对中试规模的试验装置进行了计算机模拟计算，以了解硫酸锰蒸发过程中的物料变化情况。为简化模拟过程，蒸发过程以纯水为模拟介质，模拟的换热模型采用管壳式换热器，物性方法为 NRTL 二参数模型，模拟的流程及物料平衡结果如图 3-21 所示。

通过对硫酸锰多效蒸发试验体系分析，从模拟的结果来看，两台一效蒸发器（B1）所产生的蒸汽可以提供 1 台二效蒸发器蒸发所需的热量，并使硫酸锰溶液由 32°Bé 浓缩至

41°Bé，实现一次蒸汽的充分利用。计算机模拟得出优化后的结果：采用饱和蒸汽温度为107℃（0.13MPa），蒸发过程中控制一效蒸发温度为92℃左右，一效硫酸锰浓度控制在41°Bé；控制二效蒸发温度为78℃左右，二效硫酸锰浓度控制在45°Bé，可以保证系统的平稳运行，不产生结晶。按试验经济分析，每蒸发1t水仅需要0.65t蒸汽。

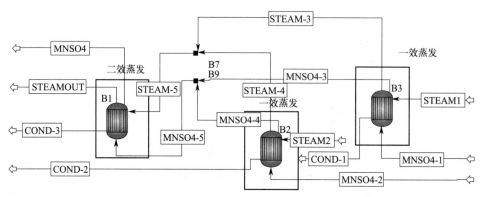

Heat and Material Balance Table															
Stream ID		COND-1	COND-2	COND-3	MNSO4	MNSO4-1	MNSO4-2	MNSO4-3	MNSO4-4	MNSO4-5	STEAM-3	STEAM-4	STEAM-5	STEAM1	STEAM2	STEAMOUT
Temperature	C	99.6	102.3	89.2	56.6	80.0	80.0	81.3	81.3	81.4	81.3	81.3	84.6	100.0	100.0	56.6
Pressure	bar	1.000	1.100	0.680	0.170	0.474	0.474	0.500	0.500	0.570	0.500	0.500	0.570	1.013	1.013	0.170
Vapor Frac		0.000	0.000	0.000	0.000	0.000	0.000	0.000	0.000	0.000	1.000	1.000	0.995	1.000	1.000	1.000
Mole Flow	kmol/hr	0.250	0.250	0.476	4.396	2.775	2.775	2.537	2.538	5.075	0.239	0.237	0.476	0.250	0.250	0.679
Mass Flow	kg/hr	4.500	4.500	8.573	79.199	50.000	50.000	45.700	45.727	91.427	4.300	4.273	8.573	4.500	4.500	12.228
Volume Flow	cum/hr	0.005	0.005	0.009	0.080	0.053	0.053	0.047	0.047	0.098	13.936	13.849	24.593	7.599	7.599	108.975
Enthalpy	MMkcal/hr	−0.017	−0.017	−0.032	−0.298	−0.187	−0.187	−0.171	−0.171	−0.341	−0.014	−0.014	−0.027	−0.014	−0.014	−0.039
Mole Flow	kmol/hr															
WATER		0.250	0.250	0.476	4.396	2.775	2.775	2.537	2.538	5.075	0.239	0.237	0.476	0.250	0.250	0.679

图 3-21　中试装置计算机过程模拟计算

3.3　硫酸锰多效蒸发预浓缩技术改造工程实施方案

多效蒸发工艺在制糖工业、中药行业等中有比较广泛的应用，但应用于硫酸锰溶液的蒸发浓缩工艺还比较少，其中的原因主要有：硫酸锰的溶解度随温度的升高而降低，高温蒸发虽然有利于水分的脱除，但硫酸锰在 Ca^{2+}、Mg^{2+} 的诱导下，很容易过早或局部析出结晶，而造成管路上的堵塞。如何在控制好过饱和度的情况下，最大量地提浓、充分利用二次蒸汽的潜热对节能降耗显得十分重要。

目前，针对如何降低硫酸锰溶液蒸发能耗主要有两种方案，一种是真空多效蒸发，另一种是 MVR 技术，但 MVR 技术在结晶过程中使用的蒸汽温度较高（100℃以上），在较高浓度（42°Bé 以上）时蒸发，容易造成硫酸锰溶液局部过饱和度大，进而发生局部结晶析出，造成换热管的堵塞。MVR 技术应用在一些常用的蒸发场合可以高效地回收余热，因此，综合上述分析，可对硫酸锰蒸发工艺采用三效蒸发耦合 MVR 技术的改造方案，不但可以克服低温蒸发效率低的缺点，还可以实现能源的高效回收。

3.3.1　硫酸锰多效蒸发预浓缩-结晶一体化改造工艺方案

针对硫酸锰物性的特点，选择二效降温蒸发器，将蒸发结晶系统分成蒸发和结晶两部分，如图 3-22 所示。

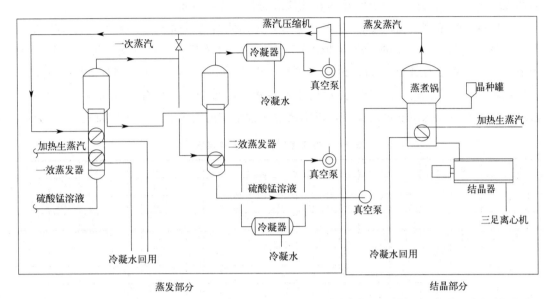

图 3-22　硫酸锰多效蒸发预浓缩-结晶一体化改造方案流程图

多效蒸发耦合 MVR 技术改造工艺流程如图 3-22 所示，常温下 31°Bé 的硫酸锰液体由真空自吸入一效蒸发器，由蒸煮锅产生的 100℃蒸汽被引入蒸汽压缩机加压（MVR），将二次蒸汽的温度提升到 110℃左右，再通入一效预浓缩蒸发器加热盘管，用于加热一效蒸发器内的物料，此时，一效预浓缩硫酸锰溶液可产生约 90℃的二次蒸汽，再由真空系统吸入二效蒸发器中，沸点为 78℃，加热蒸汽与蒸发温度有约 12℃的温差，可保证蒸发的顺利进行。蒸发过程设计为连续进料、连续出料模式，一效蒸发器的出口浓度设定为41°Bé，通过控制阀控制进入二效蒸发器的一效料液量。在稳态下，二效硫酸锰浓度保持为 45°Bé 而没有结晶体析出，随后，用真空泵输送到蒸煮锅，用生蒸汽进行加热蒸发。为保证蒸煮锅能连续稳定地给预浓缩工段提供蒸汽，方案设置三套（6 台）蒸煮锅，蒸煮过程采用半连续操作方式进行，每套设备的操作步骤包括进料-预热-蒸煮-出料等工序。

3.3.2　硫酸锰多效蒸发-结晶系统生产过程概述

由于硫酸锰蒸发系统在生产过程中对蒸汽流量、换热量控制要求较高，需要对生产过程中对硫酸锰进料量、蒸煮锅的蒸发量、蒸煮速度进行较好的控制才能将蒸煮出来的蒸汽很好地再利用。

在蒸发操作过程中，蒸煮锅产生的蒸汽，经过 MVR 加压，进入一效蒸发器加热夹套，产生的二次蒸汽进入二效蒸发器加热夹套对二效釜内物料进行加热预蒸发。一效蒸发器的加热温度可通过控制 MVR 的压力调节来实现，蒸汽再压缩只需要消耗少量的电能就可以使二次蒸汽提升10℃，提高了冷热两侧的传热温差，显著提高了蒸发的强度；而二效蒸发器的蒸发温度由真空系统调节，不凝结蒸汽由真空泵排出。蒸发预浓缩是连续生产，而最后一道蒸煮锅系统属于间歇性生产，且蒸煮过程中传热效率会随时间相应有所降低，其产蒸汽量也是慢慢变小的一个过程。因此，这就需要合理安排生产，以保证蒸煮结晶间歇性生产产出的蒸汽量要满足蒸发预浓缩需要的蒸汽总量。

按照蒸发预浓缩需要的蒸汽总量约为2.7t/h，此时要求蒸煮结晶系统每小时产生的蒸汽总量约为2.7t，产生的蒸汽不能中断。为此，设计采用三套蒸煮锅（每套2个），每个锅在生产过程中有进料（A）、预浓缩（B）、蒸煮（C）、卸料（D）、清理（E）等操作，一次循环的时间为9h。在三个蒸煮锅的生产过程中，每个小时都有蒸煮锅在产生蒸汽并通过流量控制装置稳定蒸汽的流量，以满足蒸发预浓缩的要求。具体安排如表3-8所示。

表3-8　各工序时间班次安排情况

编号	1h	2h	3h	4h	5h	6h	7h	8h	9h	10h	11h	12h	13h	14h	15h
1号	A	B	B	C	C	C	D	E	E	A	B	B	C	C	C
2号	—	—	—	A	B	B	C	C	C	D	E	E	A	B	B
3号	—	—	—	—	—	—	A	B	B	C	C	C	D	E	E

编号	16h	17h	18h	19h	20h	21h	22h	23h	0h	1h	2h	3h			
1号	D	E	E	A	B	B	C	C	C	D	E	E			
2号	C	C	C	D	E	E	A	B	B	C	C	C			
3号	A	B	B	C	C	C	D	E	E	A	B	B			

3.3.3　硫酸锰多效蒸发系统技改工艺计算

（1）硫酸锰蒸发系统总蒸发量

硫酸锰晶体要求的产能为48t/d，平均2t/h（即2000kg/h），蒸煮结束后的硫酸锰溶液达到700g/L，换算得相对密度为1.700（约59.42°Bé），实际密度为1700kg/m³。按沸点变化-硫酸锰浓度曲线（图3-13），在700g/L、100℃时硫酸锰结晶量为412g/L，溶解在母液中的硫酸锰的量为700g/L－412g/L＝288g/L。

计算得蒸发前进入蒸发系统的硫酸锰总量：
$$2000kg/h÷412g/L×（412g/L＋288g/L）＝3398kg/h$$

硫酸锰的原始浓度为31°Bé（合311g/L），计算得进料量：
$$3398kg/h÷311g/L＝10.93m^3/h$$

硫酸锰的原始密度为1274kg/m³，计算的进料的总质量：
$$10.93m^3/h×1274kg/m^3＝13925kg/h$$

总需要蒸发的水分的量：
$$10.93m^3/h－3398kg/h÷（412g/L＋288g/L）＝6.076m^3/h＝6076kg/h$$

（2）硫酸锰蒸发系统各阶段的蒸发量

按照绘制出的饱和温度-硫酸锰浓度曲线，为了保证硫酸锰在预浓缩蒸发时不达到饱和，控制硫酸锰浓度约46°Bé（561kg/m³）以下时理论上不会产生结晶。由于实际生产中存在杂质及蒸发过热等因素的影响，根据中试试验装置试验的结果，只需将硫酸锰预浓缩浓度控制在 45°Bé（约 542kg/m³）以下，不会产生结晶的析出，由此计算预浓缩需要蒸发的水量。

预浓缩时需要蒸发的总水量：

$$（10.93m^3/h－3398kg/h÷542kg/m^3＝4.661m^3/h＝4661kg/h$$

蒸煮锅内蒸煮需要蒸发的总水量：

$$6.076m^3/h－4.661m^3/h＝1.415m^3/h＝1415kg/h$$

由此计算得预浓缩时蒸发的水量占总水量的的百分比：

$$4661kg/h÷6076kg/h×100\%＝76.70\%$$

蒸煮结晶阶段时蒸发的水量占总水量的的百分比：

$$100\%－76.70\%＝23.30\%$$

（3）硫酸锰蒸发系统设备

按实际计算，生产 2t 硫酸锰产品需要蒸发的总水量为 6.076t/h，在预浓缩部分蒸发的量占总量的 76.7%，为 4.66t/h。蒸煮结晶阶段蒸发的总水量占总量的 23.3%，为 1.415t/h。

① 一效蒸发器蒸发面积的选择。按照中试试验结果，一效在液相蒸发温度为 95℃时的传热膜系数为 1100W/(m²·℃)，一效蒸发系统浓度按试验时控制在 41°Bé 以下，计算得 41°Bé 时的硫酸锰浓度为 468.4g/L(kg/m³)，按此浓度计算得一效蒸发的总水量为：

$$（10.93m^3/h－3398kg/h÷468.4kg/m^3）×1000＝3676kg/h$$

该部分水量占总预浓缩需要蒸发水量的的百分比：

$$3676kg/h÷4661kg/h×100\%＝78.9\%$$

为保证一效蒸发而不出现结晶，按照理论计算一效蒸发温度控制在 90℃时，硫酸锰最高允许的饱和浓度为 364g/L，按此浓度计算得一效蒸发的总水量：

$$（10.93m^3/h－3398kg/h÷364kg/m^3）×1000＝1595kg/h$$

该部分水量占总预浓缩需要蒸发水量的百分比：

$$1595kg/h÷4661kg/h×100\%＝34.2\%$$

当浓度控制在理论饱和度时，该部分蒸发水量占预浓缩需要蒸发的水分的比例依旧过高，产出的二次蒸汽无法完全使用，因此建议进一步降低一效的硫酸锰浓度。

按照二效蒸发器的特性，一效蒸发器蒸发的量为二效的 1.15 倍，因此按此蒸发量计算，计算得一效蒸发的总量为

$$4.661t/h×1.15÷（1+1.15）＝2.493t/h$$

此时出一效蒸发器的硫酸锰浓度：

$$3398÷（10.93－493）＝402kg/m^3$$

出一效蒸发器的硫酸锰浓度折合波美度为 37°Bé ＜41°Bé，实际操作波美度小于试验波美度，因此一效蒸发器内不会产生结晶。又由于一效蒸发总量为 2.493t/h 小于蒸煮锅每小时产生的蒸汽总量 2.644t/h，因此可以将蒸煮锅蒸煮结晶产生的蒸汽充分利用。

计算一效蒸发需要传递的总热量：

$$2.493t×1000×2263kJ/kg＝5641659kJ$$

一效蒸发平均温差：

$$110\text{℃}-90\text{℃}=20\text{℃}$$

计算得传热面积：

$$5641659\text{kJ}\div20\text{℃}\div1100\text{W}/(\text{m}^3\cdot\text{℃})\div3.6=71.2\text{m}^2$$

② 二效蒸发器蒸发面积的选择。按照试验结果，二效在 78℃时的传热膜系数为 500W/(m²·℃)，二效需要蒸发的总量为 4.661－2.493＝2.168t/h；

蒸发需要传递的总热量：

$$2.168\text{t}\times1000\times2263\text{kJ}/\text{kg}=4906184\text{kJ}$$

一效蒸发平均温差：

$$90\text{℃}-78\text{℃}=10\text{℃}$$

计算得传热面积：

$$4906184\text{kJ}\div12\text{℃}\div500\text{W}/(\text{m}^3\cdot\text{℃})\div3.6\text{s}=227.1\text{m}^2$$

计算得二效需要的传热面积为 227.1m²。

③ 蒸发器蒸发面积的选择。按照计算，一效蒸发器的换热面积为 71.2m²，二效蒸发器需要的换热面积为 227.1m²。

④ 蒸煮锅蒸发面积的选择。假设蒸煮结晶时间为 6h/批，设 3 台蒸发罐，计算得每小时进入蒸发罐的液体总量约为 7.5m³，则蒸煮锅的容积：

$$7.5\text{m}^3/\text{h}\times6\text{h}\div(3-1)=22.5\text{m}^3$$

选择直径 3m、高度为 4m 的蒸煮锅，罐体容积为 28.26m³，按照每台蒸煮锅加热 3h 计，需要传热的总量：

$$2.493\times1000\times2263\text{kJ}/\text{kg}=5641659\text{kJ}/\text{h}$$

进入蒸发器的生蒸汽的温度为 120℃，传热温差为 120℃－100℃＝20℃，盘管传热系数为 1200W/(m²·℃)，计算得传热面积：

$$5641659\text{kJ}\div20\text{℃}\div1200\text{W}/(\text{m}^2\cdot\text{℃})\div3.6=65.3\text{m}^2$$

3.4 经济性分析

按新流程，经蒸煮锅结晶蒸发出的蒸汽进入一效、二效蒸发系统进行蒸发，实际上只消耗蒸煮锅蒸煮的生蒸汽，一效及二效基本上不用生蒸汽来加热。

按计算，硫酸锰从 31°Bé 蒸发到 45°Bé，预浓缩需蒸发水分占总蒸发量的 65%，该部分需要由结晶部分蒸煮锅蒸发产生的蒸汽（23.3%）提供，结晶部分产生的蒸汽量大于蒸发部分需要的量，因此预浓缩可不用消耗生蒸汽。因此，从理论上计算，该流程将比原有敞开式蒸发流程节能 50%以上。

按现有产能，每小时生产 2t 硫酸锰，则每小时蒸发水量为 6067kg/h，按照敞开式蒸煮锅的生产能力，每蒸发 1t 水消耗 1.25t 蒸汽，按年产 8000h 计，年消耗蒸汽：

$$6.067\text{t}/\text{h}\times1.25\times8000\text{h}=6.067\text{ 万 t}$$

按每吨蒸汽 170 元计，年耗气成本：

$$6.067\text{ 万 t}\times170\text{ 元}/\text{t}=1031\text{ 万元}$$

当采用新流程时，按保守计新流程比原流程节能 40%，则年节约蒸汽：

$$6.067 \text{ 万 t} \times 40\% = 2.43 \text{ 万 t}$$

按每吨蒸汽 170 元计，年节约成本：

$$2.43 \text{ 万 t} \times 170 \text{ 元/t} = 413.1 \text{ 万元}$$

考虑到 MVR 压缩机消耗一定的电能，保守估计，年可节省成本 400 元以上。

3.5　实施效果

由于工厂原本就有一套废弃的水利喷射系统及机械再压缩泵系统，可直接利旧用于二效蒸发的真空发生装置改造，因此本次改造，只需要增加预浓缩蒸发器及蒸汽管路改即可，如图 3-23～图 3-27 所示。

图 3-23　工厂原蒸发系统（a）和工厂原蒸发系统二次蒸汽直接放空改造示意（b）

图 3-24　工厂原利旧用真空系统凉水塔

图 3-25　工厂原利旧用真空系统水利喷射泵

图 3-26　工厂改造用蒸汽再压缩装置

图 3-27　工厂改造新增加的板式换热器

本项目的实施结果表明，改造后的项目投入运行后，由于二次蒸汽得到回收利用，蒸发的能耗下降了 35%～40%，预浓缩把 32°Bé 提高到 40°Bé，缩短了蒸煮时间，蒸发产能增加了 40％左右。通过采用多效降压蒸发技术及全封闭蒸发模式，不仅能克服了生产能源的大量浪费，而且可大大改善工厂的生产环境，并可提高生产操作的连续性和自动化程度，具有良好的社会效益。

参考文献

[1] 杨向阳，赵翔涌. 机械蒸汽再压缩热泵系统在工业中的应用实验研究［C］. 中国动力工程学会青年学术年会，中国动力工程学会，1999.

[2] 黄成. 机械压缩式热泵制盐工艺简述［J］. 盐业与化工，2010，39（4）：42-44.

[3] 高从堦，陈国华. 海水淡化技术与工程手册［M］. 北京：化学工业出版社，2004.

[4] 韩东，彭涛，梁林，等. 基于蒸汽机械再压缩的硫酸铵蒸发结晶实验［J］. 化工进展，2009，28（S1）：187-189.

[5] Liang L，Han D. Energy-saving study of a system for ammonium sulfate recovery from wastewater with mechanical vapor compression（MVC）［J］. Research Journal of Applied Sciences，Engineering and Technology，2011，3（11）：1227-1232.

[6] Heins W，Schooley K. Achieving zero liquid discharge in SAGD heavy oil recovery［J］. Journal of Canadian Petroleum Technology，2004，43（8）：1-6.

[7] GEA Company. Evaporation Technology using Mechanical Vapour Recompression. GEA Evaporation Technologies：1-24.

[8] General Electric Company. Water & process technologies［EB/OL］. http：//www. gewater. com/products/equipment.

[9] Heins B，Xiao X，Deng-Chao Y. New technology for heavy oil exploitation wastewater reused as boiler feedwater［J］. Petroleum Exploration and Development，2008，35（1）：113-117.

[10] William F H，Rob M. Vertical-tube evaporator system provides SAGD-quality feed water［J］. World Oil Magazine，2007，228（10）：1-6.

[11] Swenson T，Inc. Mechanical recompression［EB/OL］. ［2011-11-28］. http：//www. swensontechnology. com/mechrecomp. html.

[12] Jennifer M S. Strategies to reduce terminal water consumption of hydraulic fracture stimulation in the Barnett Shale［D］. Austin：The University of Texas，2009.

[13] Aqua-Pure Ventures Inc. Mobile oilfield wastewater recycling-Nomad 2000 and Case Studies［EB/OL］. ［2013-01-22］. http：//www. aqua-pure. com/technology/evaporation/ evaporation. html.

第4章

肉桂油及其衍生物的综合利用

4.1 肉桂油简介

肉桂油简称桂油，为黄色或琥珀色澄清液体，具有香气和辛香味，先有甜味，后有辛辣味。肉桂油通常是从肉桂树干燥的树皮、树枝或树叶中提取的天然精油，传统工艺采用水蒸气蒸馏法进行提取，在国内，肉桂油产地主要分布在福建、台湾、海南、广东、广西和云南等地，以两广地区为主。肉桂油的加工产品被广泛应用于香精香料、精细化学品和医药等多个领域，具有很高的经济价值和应用前景。

肉桂油的主要成分是肉桂醛（60%～80%）和邻甲氧基肉桂醛（4%～15%）。此外，少量肉桂醇、肉桂酚、香叶醛、苯甲醇和丁香油酚等物质也存在于肉桂油中。其中，肉桂醛是肉桂油中最具有医疗和保健功效的成分，具有较强的抗菌、抗病毒和抗真菌作用，此外还有防腐、温暖、刺激和解痉等作用，可以用于预防和治疗多种健康问题。特别是在中医中，肉桂油被广泛用于促进血液循环、调节身体温度、缓解肌肉疼痛以及帮助消化等。在食品生产中，肉桂油也是一种很常用的原材料，例如，肉桂油可以作为调味剂和香精，加入口香糖、薄荷糖和啤酒等食品中，增强食品和饮料的口感和香味。在化妆品行业中，因肉桂油本身具有香甜的气味，可以作为调香原料被广泛用于生产香水、肥皂、香皂、洗发水等。同时，由于肉桂油具有抗菌和防腐作用，肉桂油也可以作为防腐剂添加到某些产品中，用于防止食品和药品的变质和腐坏。此外，肉桂油也可以被用作有机合成的原料，用于生产 α-溴代肉桂醛、肉桂酸、肉桂醇、肉桂酸酯、天然苯甲醛、缩醛等有机化学品。

4.2 肉桂油生产工艺

肉桂油主要是从肉桂树的树皮、树枝或树叶中提取出的天然油，主要的提取方法有压榨法、水蒸气蒸馏法、分子蒸馏法、溶剂萃取法、超临界流体萃取法、亚临界萃取法等。水蒸气蒸馏法直接获得的肉桂油产品质量更高，是工业上提取肉桂油的传统工艺，但缺点是能耗较大、提油率较低，因此开发更加低能耗和高效的肉桂油提取方法一直是该领域的一个重要研究方向。

4.2.1　水蒸气蒸馏法

水蒸气蒸馏法是生产肉桂油最传统的方法，使用历史悠久，应用最广，并一直延续至今。我国最早蒸馏肉桂提取桂油的设备叫木甑，其装置示意简图如图 4-1 所示，反应器主要由铁锅、锡片、木材等材料搭建，之后在此基础上又发明了金属蒸馏器来代替木甑。蒸馏工艺发展到现代，研究人员对水蒸气蒸馏法所使用的蒸馏锅、冷凝器和油水分离装置等都进行了改进和优化。随着设备和技术的更新迭代，肉桂油产业发展迅速，其中水蒸气蒸馏技术占据着不可取代的地位。

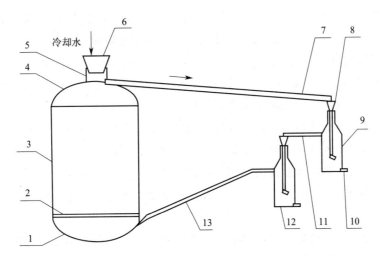

图 4-1　木甑蒸馏装置示意图

1—铁锅；2—蒸架；3—木甑；4—甑盖；5—圆筒；6—冷却盆；7，8，11—导液管；
9，12—油水分离器；10—放油阀；13—回水管

4.2.1.1　水蒸气蒸馏法提取肉桂油的原理

水蒸气蒸馏法基于肉桂油中的反式肉桂醛、邻甲氧基肉桂醛、乙酸肉桂酯和香豆素等组分挥发性较强、不溶于水且不与水反应的特性，是传统的肉桂油提取工艺。水蒸气蒸馏法的工艺流程主要包括：肉桂枝（叶）和水混合共热（水蒸气蒸馏）、冷凝、油水分离、提纯。过程中影响产品质量的主要因素有：破碎度、蒸馏时间、蒸馏温度和料液比等。

4.2.1.2　水蒸气蒸馏法提取肉桂油的工艺流程

水蒸气蒸馏法是传统的提取肉桂油的工艺之一，主要取肉桂枝（叶）来进行蒸馏提油，其主要流程：预处理→装锅→水蒸气蒸馏→冷凝→油水分离→净化提纯。工艺流程简图如图 4-2 所示。

① 将采集的肉桂枝和肉桂叶进行预处理。传统的预处理过程为肉桂枝、肉桂叶的筛选和破碎，这是因为破碎的肉桂枝和肉桂叶颗粒中的易挥发组分更容易被提取，可提高生产效率。

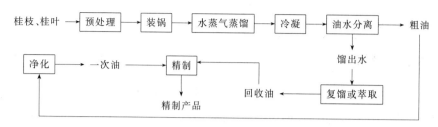

图 4-2 水蒸气蒸馏法提取肉桂油工艺流程示意图

② 将原料碎粒平铺装锅，原料应尽量均匀以充分利用水蒸气的热能。

③ 通入由锅炉产生的水蒸气进行蒸馏。蒸馏过程可以为一级过程，也可以分多级进行（精馏）。

④ 将蒸馏出的共沸物进行冷凝，再进行油水分离得到肉桂粗油和馏出水。工业常用的油水分离装置有水分离漏斗、植物油分离漏斗和油水分离罐等。

⑤ 分离得到的肉桂粗油经过净化提纯，即可得到肉桂油（一次油）产品（肉桂醛含量≥80%），再经过精制得到高质量的肉桂精油（肉桂醛含量≥90%）；而油水分离出的馏出水可以进行复馏或萃取，提取水相中残留的肉桂油成分。

传统的水蒸气蒸馏法精制肉桂油的操作简单，且生产的肉桂油质量较高，但提油率较低，复馏产生的能耗较大，提取时间较长，设备利用率低，不符合绿色可持续发展的要求。而且，长时间加热，可能使肉桂精油中的某些成分分解，同时过热时会使植物原料焦化，对肉桂精油的香气产生不良影响。因此很有必要对水蒸气蒸馏法提取肉桂油的工艺进行改进。

经过多年的发展，研究人员从以下三个方面对传统水蒸气蒸馏法提取肉桂油的工艺进行了改良：①原料的预处理；②蒸馏系统；③油水分离过程。

（1）原料的预处理

传统的水蒸气蒸馏法在进行肉桂油提取之前要对原料（肉桂枝、肉桂叶）进行筛选、破碎等处理，由于肉桂中的易挥发组分大都存在于植物细胞内，预处理的主要目的是使这些易挥发组分暴露出来，更容易提取。随着技术的不断优化，原料的预处理过程也有了新的发展。

中国林业科学研究院林产化学工业研究所发明了一种新的预处理方法，其流程如图 4-3 所示，其原理是利用一些微生物制剂（腐熟剂、高活性干酵母等）对肉桂枝和肉桂叶进行固态发酵。微生物发酵过程会产生丰富的生物酶，包括淀粉酶、纤维素酶、半纤维素酶、果胶酶和蛋白酶等，这些高活性的生物酶是能够使植物细胞壁结构松懈、细胞壁降解、细胞间隙增加的有力工具，因此微生物发酵技术有助于促进有效成分在提取介质中的释放和扩散，从而增加了天然产物的提取效率[1]。

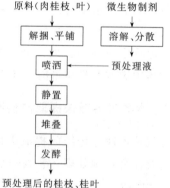

图 4-3 肉桂枝（叶）原料的
新预处理方法流程图[1]

　　此外，还可以对原料进行微波预处理来提高肉桂油的提取率，其原理是通过微波处理破坏肉桂皮内的植物细胞壁，使细胞内的易挥发组分更容易提取。将肉桂枝和肉桂叶粉碎后，将碎粒与乙醇按比例混合，进行 20～25s 的微波处理，以破坏植物的细胞组织，然后放入蒸馏釜中加入水和表面活性剂进行减压蒸馏，再进行油水分离得到肉桂粗油。该法肉桂油的提油率可达到 1.81％～2.1％[2]。采用微波预处理原料，既提高了水蒸气提油效率，也降低了水蒸气提油过程的能耗。

　　(2) 蒸馏系统

　　蒸馏过程是水蒸气蒸馏工艺中的主要环节，直接影响工艺的提油率和操作成本。蒸馏的混合物体系和操作条件均会影响蒸馏过程的相平衡、轻重组分的传质和浸出等过程，如混合物中的水含量、表面活性剂种类、蒸汽温度、蒸汽压力等操作条件都会影响蒸馏效率。蒸馏系统的优化主要从以下几个方面进行：往混合物中加入表面活性剂；减压蒸馏、多级蒸馏 (精馏)；其他辅助手段。下面将结合一些案例进行说明。

　　往蒸馏的混合物中加入表面活性剂作为浸出辅助剂，通过表面活性剂的润湿、渗透、增溶和起泡作用，促进水分子在肉桂枝 (叶) 固体表面快速润湿，并渗透入细胞内部，把细胞中的肉桂油移出细胞外，与水形成共沸体系而被蒸出。表面活性剂包括非离子表面活性剂、阴离子表面活性剂、阳离子表面活性剂等，加入表面活性剂后，蒸馏时间缩短了 1～2h，提油率提高了 30％～40％[3]。

　　超声辅助蒸馏法是一种新型的精油提取技术，它将超声波技术与传统的水蒸气蒸馏法相结合，通过超声波作用使能量巨大化，进而加速物料细胞组织破碎、细胞内精油释放，精油提取效率大大提高。超声辅助蒸馏法的操作过程：将植物材料与水一起放在蒸馏器中，然后进行正常的水蒸馏过程，同时在蒸馏过程中加入超声波辅助。超声波辅助可以促进精油从植物材料的细胞中释放出来，并加速其蒸发。此外，超声波还可以加速水和精油之间的传递，帮助精油更快地从水蒸气中分离出来。研究表明，超声处理条件对实验结果的显著性影响大小排序如下：超声波功率密度＞提取温度＞加载量＞超声时间。在最佳条件下，肉桂精油提油率达到 8.33％，是传统的水蒸气蒸馏法提取肉桂精油得率的数倍[4]。总之，相较于传统的水蒸气蒸馏法，超声辅助蒸馏法的优势在于：提高了精油产率；缩短了蒸馏时间；可以用较低的温度进行提取，避免高温对精油的影响；不需要使用有毒、有害的化学溶剂。超声辅助蒸馏技术虽然具有诸多优点，但在工业生产上对设备有较高要求，目前超声辅助蒸馏提取肉桂油的技术还处于实验室研究或小规模生产阶段。

　　(3) 油水分离

　　油水分离过程是肉桂油提取过程中的一个重要环节，直接决定了肉桂油的提油率、油品质量以及提纯过程的难易。下面介绍一种油水分离过程的改进方案，其工艺流程图如图 4-4 所示。

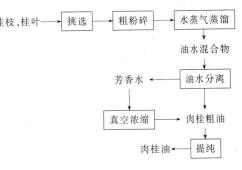

图 4-4　改进的水蒸气蒸馏提取
肉桂油的工艺流程图[5]

首先，将桂枝、桂叶挑选除杂后进行粉碎处理，得到桂枝、桂叶颗粒，接着先投入一部分到提取罐中，压实后通入蒸汽润湿，继续加入粉碎的桂枝、桂叶，直至溢出提取罐后盖上盖子。从提取罐底部通入水蒸气进行蒸馏，肉桂油和水的混合蒸气经冷凝器冷凝后得到乳白色肉桂油水混合物。肉桂油水混合物经逐层递减的油水分离器静置分离后，得到肉桂粗油；分离肉桂粗油后的肉桂油芳香水通过真空浓缩罐浓缩，将肉桂油芳香水中残留的高含量的醛类完全分离。最后肉桂粗油进一步加热分离去除残留的水，得到淡黄色、澄清的肉桂油。本案例对一般的水蒸气蒸馏提取肉桂油的油水分离过程进行了改良，采用了10个油水分离器进行串联来提高分离后肉桂粗油的品质，对于油水分离后的水相进行真空浓缩，以代替传统的复馏或萃取过程，减少了肉桂油成分的流失浪费，得到的产品品质好，提油率为 1.5%～2.0%，比传统的水蒸气蒸馏法提高了一倍左右[5]。

4.2.2 分子蒸馏法

4.2.2.1 分子蒸馏法提取肉桂油的原理

分子蒸馏法是一种高效的物质分离方法，其基于物质分子在不同温度下的沸点差异，通过控制温度和压力等条件来实现物质分离，工作的基本原理如图 4-5 所示。

在分子蒸馏法中，需要使用分子蒸馏塔或分子筛塔。其中，分子筛塔内部装有分子筛，分子可以在其中通过，但分子的大小、形状和极性等对分子传递存在不同的约束力。因此，分子在分子筛径向和轴向上的运动差异可使它们逐渐分离。分子蒸馏通常在高真空下进行，以减少杂质的干扰和分子在空气中受激活能而损失。物质分子首先进入分子筛塔的加热室（或叫气化室），经过加热后，物质被蒸发，在分子筛塔的顶部形成蒸气。随着蒸气向下逐渐冷却，物质分子被逐渐停留在不同孔径的分子筛中，然后沉积到筒的不同部位，最后由筒底部分离出可收集的纯品物质，从而提高物质纯度。

根据分子蒸馏的原理可以设计相应的设备系统。如图 4-6 所示，分子蒸馏系统包含加热系统、冷凝系统、蒸发系统、物料输入及输出系统和真空获得系统等。相对于传统的蒸馏方法，分子蒸馏法具有滤除杂质和防止脱挥的优点，尤其在对高沸点物质的提纯上更加高效。因此，分子蒸馏法广泛应用于制药、化工等领域的高纯度物质生产中。

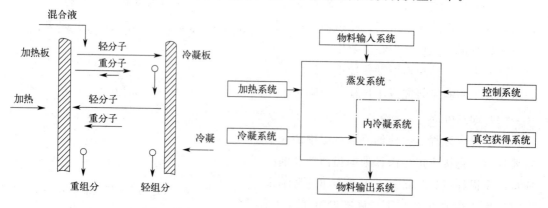

图 4-5　分子蒸馏法的基本原理　　　　图 4-6　分子蒸馏的系统组成

4.2.2.2　分子蒸馏法提取肉桂油的工艺流程

通常，分子蒸馏系统作为精油的提纯工段与其他提油系统进行联用。如图 4-7 所示，某肉桂油提纯工艺先以水蒸气蒸馏法进行肉桂粗油（反式肉桂醛含量＝83.21％）的提纯，然后将得到的挥发油以分段蒸馏的方式进行提纯。经过一次分子蒸馏富集，肉桂油中肉桂醛的纯度从 83.21％提高到 97.28％，经过二次分子蒸馏富集后提高到 99.32％[6]，肉桂油的品质得到显著提高。

分子蒸馏工艺的操作条件包括刮刀转速、物料流速、真空度和蒸馏温度等。刘晓艳等以肉桂粗油为原料通过分子蒸馏技术精制肉桂油，发现肉桂精油的最佳精制工艺条件如下：刮刀的转速为 270～290r/min，进料的速度为 2.0mL/min，真空度为 50Pa，蒸馏时的温度为 63℃。在此工艺条件下，肉桂粗油在极短的时间里加热气化并迅速分离净化，精制的肉桂精油的产率为 92.9％，其中肉桂醛的纯度提高 5.6％，并且肉桂芳香味明显，颜色金黄清亮[7]。

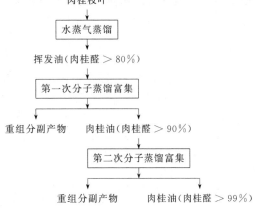

图 4-7　某肉桂油分子蒸馏纯化工艺

分子蒸馏技术目前在肉桂油提纯工艺方面的应用已经得到了初步的探索。分子蒸馏法能显著降低热敏性特征香气成分的破坏程度，非常适合那些黏度较大、对热敏感以及沸点比较高的天然原料。但是，分子蒸馏法一次性处理量小、对设备的要求高、效率不高，因此在大规模工业生产上具有局限性。

4.2.3　溶剂萃取法

4.2.3.1　溶剂萃取法提取肉桂油的原理

溶剂萃取法利用肉桂油中的活性成分（如反式肉桂醛、邻甲氧基肉桂醛等）在某些有机溶剂中的溶解度较大，从而实现肉桂油的提取。传统的萃取法采用乙醇、丙二醇、氯仿、四氯化碳和乙酸乙酯等为萃取剂，通常使用其中的几种溶剂进行连续多级萃取以提高提取率。工业上一般先对肉桂枝、叶进行破碎处理，然后将肉桂碎粒与水的混合物通入装有有机溶剂的萃取罐或萃取塔中，肉桂中的活性成分会发生传质进入有机相，实现肉桂油的提取。

4.2.3.2　溶剂萃取法提取肉桂油的工艺流程

在工业上，溶剂萃取法通常采用多级萃取的方式来提高提油率，以二级萃取法为例，其工艺流程图如图 4-8 所示。肉桂油可采用萃取法从肉桂树的树皮、树枝或树叶中提取，其主要提取工艺可以分为以下几个步骤：

① 采摘和晾晒肉桂枝、叶。

② 研磨和烘干：晾晒好的肉桂叶子和树皮需要进行研磨和烘干，以便于后续的提取操作。

③ 多级萃取：将研磨的肉桂树枝、树叶或树皮与有机溶剂进行混合形成混合物，然后在萃取罐或萃取塔中进行分离；萃取过程可采用超声波和微波辅助萃取，以提高萃取效率。

④ 减压蒸馏/精馏：萃取相中含有肉桂油和萃取剂，需要分离有毒的萃取剂及其他杂质成分，一般通过减压蒸馏或精馏过程来分离萃取剂并对产品进行提纯，以保证肉桂油的品质。

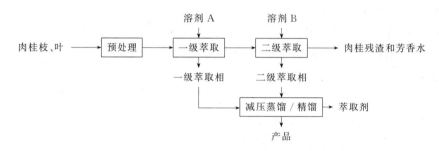

图 4-8 二级萃取法提取肉桂油的工艺流程图

4.2.4 亚临界萃取法

4.2.4.1 亚临界萃取法提取肉桂油的原理

超临界流体萃取技术是利用目标组分在超临界流体中的溶解度差异来实现高效萃取的一种分离技术，其中又以超临界 CO_2 萃取应用最为广泛。但是对于肉桂油中活性组分的提取，超临界流体萃取无法高效提取其中强极性的有机组分。亚临界萃取是在超临界萃取技术的基础上产生的技术，利用亚临界流体作为萃取剂，在密闭、无氧、低压的压力容器内，依据有机物相似相溶的原理，通过肉桂枝、叶颗粒与萃取剂在浸泡过程中的分子扩散过程，使肉桂枝、叶中的脂溶成分转移到液态的萃取剂中，再通过减压蒸发的过程将萃取剂与目标产物分离，得到肉桂油产品。亚临界萃取可使用丙烷、丁烷、高纯度异丁烷、二甲醚（DME）、液化石油气（LPG）和六氟化硫等极性溶剂作为萃取剂，在亚临界流体状态存在时，萃取剂的分子的扩散性能增强，传质加快，对天然产物中弱极性以及非极性物质的渗透性和溶解能力显著提高。与超临界萃取技术相比，亚临界萃取解决了超临界萃取无法高效萃取极性物质和有机物的问题，因此，亚临界萃取更加适用于从肉桂枝、叶中提取肉桂油，但缺点是对设备的要求较高、单次处理量较小。

4.2.4.2 亚临界萃取法提取肉桂油的工艺流程

亚临界萃取技术的工艺流程如图 4-9 所示，亚临界萃取工艺的主要部分包括萃取系统和溶剂脱除与回收系统两大系统。首先，将物料（固体颗粒）装入萃取罐中密封，控制压力、温度等条件，通入萃取剂开始提取过程。萃取完毕后萃取相中还含有少量固体颗粒及其他杂质，因此需要进行过滤、蒸发等操作分离提纯，防止最终产品和溶剂受到污染。最后，溶剂和目标组分在脱溶罐中分离得到粗产品，一般粗产品还需进一步加工提纯以达到国家标准，溶剂可继续循环使用。

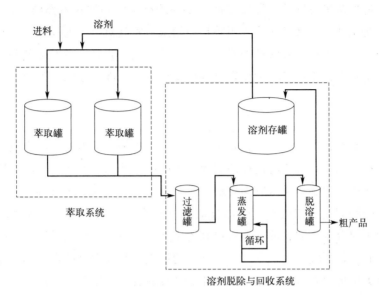

图 4-9　亚临界萃取的工艺流程图

目前，亚临界萃取法在肉桂油提取工艺中的应用还比较少。虽然，亚临界萃取法十分适合提取肉桂油中的极性组分，但使用的有机溶剂会影响产品的品质和品位，溶剂与产品难以完全分离，在一定程度上会破坏肉桂油的天然性。因此，在具体工艺上还需要进一步完善相关技术。

4.3　肉桂油的应用

4.3.1　肉桂油在香精香料方面的应用

肉桂油是一种天然香料，具有独特的香味，且肉桂油本身具有一定的神经刺激作用和药用价值，已经成为食品、日用化学品、精细化学品、香精香料合成的常用原料。肉桂油中的主要成分——反式肉桂醛，具有很好的持香作用，作为配香原料可以提高主香料的香气和品质，又因其沸点比与其分子量相当的其他有机物要高，因此也是良好的定香剂。例如，肉桂醛可以调制洋水仙、栀子、素馨、铃兰和玫瑰等香精，这些香精广泛应用于香皂、洗衣粉和洗发水。此外，肉桂醛还可以用来调制苹果、樱桃等水果香精，这些香精可用于糖果、冰淇淋、饮料、蛋糕和烟草等[8]。以下介绍肉桂油在香精香料领域的一些应用实例。

（1）香精

肉桂油在食品和饮料生产中被广泛应用。它常被用作丰富口感、增添香气和调味的天然调料。肉桂油可以被用于制作香精，添加到肉类产品、糕点、甜点和其他食品中，以提高食品的香味和口感。例如，用五香风味液体香精混合少量的肉桂油，不需经过特殊处理，就能够增加香精整体的品位，去除原有香精中的不良气味[9]。

外源香精是不直接使用于产品本身的一种香精，与内源香精相比，更加不易破坏产品本身的性质，适用范围更广泛。微胶囊是合成外源香精的一种技术路线，Fadel 等[10] 合成了肉桂微胶囊精油，并将其作为外源香精使用来考察其对饼干的风味品质和稳定性的影响。结果表明，添加肉桂微胶囊精油对饼干有双重作用，它是一种调味剂和抗氧剂，包裹的肉桂油调味增强了饼干在烘焙和储存过程中生成的内源性挥发物的保留，并且获得了更高的感官品质。

（2）香料

肉桂油由于具有独特的香味，在香水、香皂、香精油及其他化妆品中被广泛应用。同时，与其他香料相比，高品质的肉桂油能起到很好的定香和持香作用，具有独特的优势。

周春辉等将肉桂油制作成微胶囊香料，可以使肉桂油味道保存的时间更长久。此外，他们使用海藻酸钠制备微胶囊壁材。海藻酸钠具有良好的稳定性、溶解性、黏性和安全性，与海藻酸钙混合制得的胶液，具有更好的黏性，能更好地形成微胶囊。肉桂油微胶囊芳香整理剂具有改善环境气息、令人心情舒畅的优点，其处理过的产品具有芳香整理剂本身的香味，大大增加留香时间。综上，肉桂油微胶囊有望应用到众多产品中[11]。

此外，肉桂油中的主要成分肉桂醛也是制造香精香料的重要原料，经过深加工可获得许多香料产品。例如，由肉桂醛进行逆羟醛缩合反应制得天然度为 100% 的苯甲醛，该反应转化率在 85% 以上，苯甲醛产率在 80% 以上，苯甲醛纯度达到 99.98%，符合国际《食品化学法典》（FCC）标准，可作为香料应用到食品、烟草、药物制品、牙膏等产品的生产中。该制备方法工艺合理、原料易得、设备简单、技术成熟，处于国际领先水平。

总的来说，肉桂油是一种广泛用于香精香料行业的天然原料，由于其独特的香气、天然性和安全性、抗菌和抗炎作用、药用价值、营养价值等，具有被继续开发的潜力和价值。

4.3.2 肉桂油在日用化学品方面的应用

肉桂油除了在气味调节上具有独特优势外，它还拥有优良的抗菌性能和诸多药理作用，被广泛应用于日用化学品中。肉桂油具有抗菌性能，这主要是由于肉桂中存在肉桂醛和肉桂酸等成分，它可以通过破坏细胞膜的结构和功能来杀死或抑制细菌的生长。此外，肉桂酸可以与细菌细胞膜上的蛋白质结合，从而干扰细胞膜的完整性，导致细胞死亡。同时，肉桂油中的其他成分，如香叶醛、苯甲醇和丁香油酚等，也具有抗菌作用，它们可以在不同细菌的作用靶点上发挥作用，从而协同肉桂醛和肉桂酸的抗菌作用，增强肉桂油的抗菌效果。总的来说，肉桂油的抗菌作用是多种成分相互作用协同完成的。因此，肉桂油被广泛应用于牙膏、香皂、空气清新剂等化学品的合成中，下面列举一些实例来说明肉桂油在日用化学品中应用的优势。

何新霞[12] 以肉桂油作为原料之一合成的特制清凉油，除了提神祛湿，还具备抗菌、抗炎和止痒的功效。陈珏锡[13] 在卷烟加香工艺中加入肉桂油，肉桂油中高含量的肉桂醛能去除自由基，降低卷烟对人体的危害，同时提升烟气感受和气味品质，使其更圆润、细腻、蓬松，同时减轻了吸烟者口腔余味大、易口干等不良反应。

日用化学品领域对使用者的安全、使用体验、功效等都有很高的要求，肉桂油能很好地满足上述要求。首先，肉桂油具有的独特香气，可以用于制造香皂、洗发水、沐浴乳和香水等产品，增加产品的香气浓度、品质和持久性。其次，肉桂油还具有抗菌、去屑、调节油脂分泌的作用，可以用于制造防脱发洗发水、去屑洗发水和止痒头皮护发产品等。此外，肉桂油还可以改善皮肤，具有滋润、抗氧化等作用，可以用于制造化妆品等产品。肉桂油是一种纯天然的香料和药物，相比合成香料和其他化学合成的日用化学品，肉桂油更加天然和安全，更容易被消费者接受。综上所述，肉桂油在日用化学品领域中具有独特的地位与广泛的应用价值。

4.3.3　肉桂油在食品添加剂方面的应用

肉桂油在食品方面也有广泛的应用。例如，在中餐的汤料中滴加少许肉桂油，香气浓郁，可以增加食欲。在咖啡、饼干和其他烘焙食品中加入微量肉桂油，香气可口，留香持久。肉桂油含有多种活性成分，主要包括：肉桂醛、肉桂酸、肉桂醇和邻甲氧基肉桂醛等。其中，肉桂醛是肉桂油中最重要的成分之一，它具有独特的半甜和半辛辣香气，可以增加食品的香味，并提高产品口感，因此被广泛用作食品添加剂。肉桂酸是另一种重要的成分，它是一种天然保存剂，可以抑制食品品质的恶化，延长食品的保质期。相关研究表明，肉桂酸及其衍生物可以破坏细胞繁殖的代谢过程以及周边环境，甚至可以一定程度抑制癌细胞的繁殖，因此具有抗氧化和抗菌的功效[14]。肉桂醇是肉桂油具有温暖和甜美香气的原因，被广泛用于食品中；肉桂醇也可以提高食物的抗菌性[15,16]。

肉桂油由于具有良好的抗菌和抗氧化性能，在食品防腐、延长食品保质期方面具有卓越功效。例如，当采用含肉桂油成分的混合膜作为食品外包装时，食物的腐败过程更加缓慢，延长了其保质期，且有效抑制冷藏鸡肉保鲜期的细菌生长和脂质氧化，这说明添加了肉桂油的混合膜具有良好的抗菌活性和抗氧化能力[17]。值得注意的是，肉桂油虽然具有抗菌、防腐功能，但若直接涂抹在食物上，容易挥发和氧化，导致防腐效果不佳或者用量增大。为了改善这个问题，可将肉桂油制备成纳米乳液，肉桂油纳米乳液不仅具有抑制细菌生长和减缓不良化学反应的功效，而且还能防止样品的颜色和质地发生变化，延长食物的保质期[18]。

肉桂油的防腐功效源于肉桂醛等成分出色的抗菌和自由基清除作用，Zhou 等[19] 考察了肉桂精油在烘焙食品中对霉菌生长的最小抑制浓度和最小致死浓度，并对比了普通包装和真空包装下精油对烘焙食品保质期的延长时间。结果表明，肉桂精油比丁香精油具有更好的抗菌效果，肉桂精油对霉菌的最小抑制浓度为 $0.21\sim0.83\mu L/mL$，最小致死浓度为 $0.42\sim0.83\mu L/mL$，加入肉桂精油后，烘焙食品在普通包装和真空包装下的保质期分别延长了 $9\sim10$ 天和 $15\sim16$ 天。这项研究更加直观地展现了肉桂精油在防止食物腐败和抗菌方面具有卓越的功效。

4.3.4　肉桂油在饲料方面的应用

肉桂油在饲料领域中应用广泛，它的作用包括：

① 抗菌和防腐作用。肉桂油具有较强的抗菌和防腐作用，可以保护饲料不被细菌和霉菌侵蚀。

② 促进消化。肉桂油能够提高动物的食欲并促进消化，有助于保持动物健康。

③ 增强免疫力。肉桂油对动物的免疫系统有益处，可以增强抵抗力，降低发病率。

④ 提高生长率。肉桂油中含有丰富的营养物质，如铁、钠、钙和维生素 C 等，可以提高动物的生长率和促进体重增长。肉桂油的主要成分反式肉桂醛，被认为是一种丙烯醛衍生物，能够破坏大肠杆菌的细胞膜结构，刺激肠道益生菌生长，通过抗氧化抑制自由基的产生，限制和防止细胞膜被破坏，进而促进动物机体的生长发育。

⑤ 替代抗生素。肉桂油可以替代部分抗生素，因为它具有抗菌作用，对于消费者来说更加安全。

肉桂油作为一种天然有益的添加剂，有利于保障动物健康，并提高产品的品质和环保性[20]。

肉桂油可以直接涂抹于饲料上作为饲料的添加剂使用，也可作为原料用来合成相关的饲料添加剂，可以起到抗菌、防霉和促进动物成长等作用。例如，陈国寿等[21] 以肉桂油为原料之一生产饲料添加剂，该产品对常见的革兰氏阳性菌和革兰氏阴性菌均具有较强的抗菌杀菌作用，对畜禽有显著的防病、促生长作用，可以有效替代养殖过程中使用的抗生素。此外，在制备工艺上，陈国寿等人采用植物精油与酸度调节剂结合的方案，少量添加肉桂精油就具有类抗生素的抗菌、促生长作用；包衣脂肪和风味剂的加入也提高了精油稳定性，防止肉桂油中肉桂醛的氧化或挥发，使其更具实用意义。柴建亭等[22] 发现在公鸡日粮中添加肉桂醛可以提高公鸡的日增重、饲料转化率、胴体品质及养分消化率。肉桂油对动物的生长有促进作用，这可能与其改善动物的肠胃微生物菌群、提高动物免疫力等作用有关。

4.3.5　肉桂油在医药合成方面的应用

肉桂油在医药合成方面应用广泛，主要包括以下几个方面。

（1）调节血糖

肉桂油中含有丰富的肉桂醛、肉桂酸等活性物质，具有调节血糖的功能。有研究表明，肉桂油对 2 型糖尿病的模型动物小鼠具有显著的降血糖作用，给糖尿病小鼠口服摄入肉桂油不仅能显著降低血糖水平，还能改善血脂和胰岛 B 细胞的功能[23]。此外，肉桂油降低血糖和改善胰岛代谢的作用机制与降低血清瘦素、抵抗素水平和增加胰岛素敏感性有关[24]。在肉桂油及其主要成分肉桂醛调节血糖水平机制的研究中发现，肉桂醛干预并部分恢复了糖尿病肾病的肠道菌群失调，可减轻糖尿病肾病的早期蛋白尿，其肾脏保护作用可能与增加近端小管 Megalin 表达、促进肠道抗炎益生菌增殖有关[25]。肉桂醛能够通过调节过氧化物酶体增殖物激活受体（PPAR）、蛋白激酶 B2（Akt2）信号通路提高胰岛素敏感性，通过激活核转录因子红系 2 相关因子 2（Nrf2）信号通路、调节胰岛素受体底物 1（IRS1）/磷脂酰肌醇 3 激酶（PI3K）/蛋白激酶 B（Akt）信号通路抗氧化反应，促进胰岛素分泌，减轻胰岛素抵抗，抑制炎症反应，调节肠道菌群，多种途径发挥防治糖尿病的作用[26]。总之，肉桂油可以促进胰岛素的释放和细胞对葡萄糖的利用，有助于稳定血糖水平，减少糖尿病患者的并发症，虽然相关机制的研究和临床试验比较匮乏，但肉桂油在相关病症的治疗中仍具有很大的潜力。

（2）抗菌抗炎

肉桂油具有显著的抗菌、抗炎作用，可以用于治疗口腔疾病、肠胃炎和皮炎等感染性疾病。肉桂油中的肉桂醇、肉桂酸等成分能够破坏细菌的细胞壁、细胞膜和 DNA，抑制细菌的繁殖和传播。研究表明肉桂油具有广谱抗菌作用，对革兰氏阳性菌、革兰氏阴性菌、真菌都有较强的抗菌效果。在治疗金黄色葡萄球菌、耐甲氧西林金黄色葡萄球菌肺炎时表现出抗菌、抗炎的双重效果，有利于细菌性肺炎的治疗和受损肺组织的修复[27]。因此，将肉桂油制成负载型或包合型药剂是一种在制药实际应用中较为可行的方案。

（3）延缓衰老

衰老是一切生物自然而不可避免的过程，它是一种复杂的自然现象，表现为生理功能和体内平衡的逐渐下降。衰老不可避免地导致相关的伤害、疾病，并最终导致死亡。导致人衰老的原因之一是氧化应激作用，氧化应激是指细胞内部的活性氧和氮物质产生的过程，这些活性氧和氮物质中的自由基会对 DNA、蛋白质和脂类发生氧化反应，破坏有关基质并导致细胞自身的损伤，而许多植物精油中含有大量可以消除自由基的抗氧剂，可以延缓人体的衰老[28]。肉桂油的延缓衰老作用源于肉桂油中丰富的抗氧剂，例如肉桂醛、肉桂酸和香叶酸等，因此其有望应用于合成延缓衰老药物和相关病症的治疗。

除了以上应用之外，肉桂油还具有改善肠胃功能、抗肿瘤、抗血栓和镇痛等功效，其在医药方面的应用还有待进一步开发。

4.3.6　肉桂油在化学工业方面的应用

肉桂油在化工领域的应用十分广泛。在上文已经总结了肉桂油在香精香料、日用化学品、食品添加剂、饲料以及药物合成方面的应用，除此之外，肉桂油经过深加工可以得到一系列肉桂油衍生物产品。以下是肉桂油的一些深加工产物及其应用。

（1）肉桂油的加氢产物

肉桂油的主要成分为肉桂醛，它的三种加氢产物分别为肉桂醇、苯丙醛和苯丙醇。以肉桂油为原料合成加氢产物主要采用催化加氢的途径，这种途径有利于合成高选择性的加氢产物。

肉桂醇和苯丙醇都是重要的香精香料之一，是多种药物合成所需的中间体和原料。工业上用于合成肉桂醇和苯丙醇的催化剂主要是贵金属 Pt 基催化剂，相关的催化方案和生产技术已经较为成熟。采用 Pt 基催化剂，肉桂醛催化转化反应较快，产品的收率也较高，通过控制反应条件可以分别得到肉桂醇和苯丙醇产物，但由于催化剂成本较高，近年来研究人员不断尝试合成新型的非贵金属催化剂来代替传统的贵金属催化剂，以降低催化加氢生产肉桂醇和苯丙醇的成本。

苯丙醛是一种常用的香料化学品、药物合成的中间体和一些合成材料的原料，用途广泛。以肉桂油为原料合成苯丙醛所用的催化剂以 Ni 基等金属催化剂为主，工业上也已经有了较成熟的技术。例如，使用 Raney 镍催化剂加氢合成苯丙醛的工艺，这种工艺包括催化加氢反应、过滤、脱色、蒸馏、洗涤、沉淀和精馏分离等过程，由肉桂油直接得到苯丙醛产品，选择性为 $94.05\%\sim97.54\%$，转化率为 $95.65\%\sim99.40\%$，3-苯丙醛产品的含量达 97.74%，收率达到 56% 以上[29]。

（2）肉桂油的氧化产物

苯甲醛一般认为是肉桂油产业链的终端产品，占有重要的地位，我国每年约有 500t 肉桂油用于合成苯甲醛。国际市场对苯甲醛产品的要求严苛（纯度达到 99.9% 以上），国内最先进的苯甲醛生产工艺可以生产纯度为 99.99% 以上的苯甲醛，工艺水平较高。目前，工业上生产天然苯甲醛只能由天然肉桂油为原料进行合成，其他合成路线均还在实验室研究阶段。

肉桂油选择性氧化可以得到肉桂酸，肉桂酸也是一种常用的香料和定香剂。在医药工业上肉桂酸及其酰化产物肉桂酰氯可以合成抗心绞痛药瑞舒伐他汀钙、平硝苯地平，骨骼肌松弛药和镇静剂巴氯芬，抗尿失禁药物托特罗定，抗胆碱能药及解痉药米尔维林，抗肿瘤药物对氟苯丙氨酸，消炎镇痛药氯诺昔康等。此外，以肉桂酸为主要原料的负片型感光树脂得到了广泛使用，这是肉桂酸最主要的用途之一[30]。

（3）肉桂油的溴化产物

肉桂油可以进行溴化反应合成 α-溴代肉桂醛，α-溴代肉桂醛是具有抗菌、抗真菌活性的广谱杀菌剂和除臭剂，近年来被广泛地用于环境清洁、个人卫生、器械消毒，以及衣服、家具、皮革、纸张、塑料制品和涂料等多方面的防霉、防蛀和消臭，是替代樟脑的新产品[31]。

除了上述合成产品外，肉桂油还可以通过酯化反应生成对应的肉桂醛酯类、肉桂酸酯类产品，在工业应用上还有待研究和开发。

4.4 肉桂油衍生物的合成工艺、功效及应用

4.4.1 苯甲醛

4.4.1.1 苯甲醛简介

苯甲醛是一种以含甲基基团的苯环为代表的有机物质，分子式为 C_7H_6O。苯甲醛在用量上是仅次于香兰素的第二种香料，是一种无色到黄色的黏性液体，折射率高，有苦杏仁的香味，毒性低，被认为是最简单的芳香醛[32]。苯甲醛是工业上最重要、用途最广泛的精细化学品之一。这种简单的化合物被广泛应用于食品、医药和化妆品中，作为合成香水、环氧树脂、增塑剂、药物、甜味剂等的重要中间体[33-35]。

苯甲醛的工业生产方法主要以甲苯为原料，主要通过甲苯的氯化、水解和氧化获得，然而，前者生产的苯甲醛不可避免地受到氯的污染，而后者的选择性非常差。早期苯甲醛主要由氯苄制备，以甲苯为原料进行氯化，得混合氯苄，再进行水解反应生成苯甲醛。然而，在反应后产生的氯离子会损害苯甲醛的品质。因此，该方法正被逐渐取代。

天然苯甲醛是区别于普通苯甲醛的另一种产品，天然苯甲醛的不同之处在于它是从天然植物中提取的，具有天然的香气和味道。天然苯甲醛还可以具有一些药用价值。例如，肉桂油中的天然苯甲醛被认为具有抗菌、抗病毒和抗炎作用。此外，天然苯甲醛更加绿色健康，所以比合成香料更受欢迎。但天然苯甲醛的生产成本较高，因此天然苯甲醛的市场价格通常是合成苯甲醛的数倍。

近年来，通过天然肉桂醛合成苯甲醛的各种方法逐渐进入研究人员的视线，并且受到许多研究人员的青睐。以肉桂油或天然肉桂醛为原料合成天然苯甲醛的方法有亚临界水法、碱性水解法和催化氧化法等[36]。其中，肉桂醛的碱性水解法研究得最多，工艺最为成熟，在工业上应用最广泛。

4.4.1.2　天然苯甲醛的合成工艺

天然苯甲醛主要以一些天然植物精油为原料来合成，这样才能保持天然苯甲醛的天然特性。肉桂油或天然肉桂醛就是其理想的合成原料之一，以目前最成熟的肉桂醛碱性水解法为例，在碱性水解法中，添加的反应物只有水，因此最大程度地保留了苯甲醛的天然性，在工业上应用也最广泛。目前，全世界只有中国上海和东兴能以肉桂油生产天然苯甲醛，生产工艺均处于国际领先水平。国内最先进的肉桂油碱性水解工艺为广西庚源香料有限公司的提纯苯甲醛生产工艺，其产品纯度可达 99.99%，所生产的苯甲醛产品通过了美国食品药品监督管理局（FDA）等多项国际认证，同时通过了全球五大权威认证机构之一的 SGS 通标标准技术服务有限公司的 FSSC 22000 和 ISO 22000 质量管理体系认证，产品质量保持稳定，供不应求。

4.4.1.2.1　碱性水解法合成天然苯甲醛的基本原理

肉桂油或肉桂醛以碱性水解法合成苯甲醛的反应实质上是肉桂醛的逆羟醛缩合反应，其反应方程式如式(4-1) 所示：

$$C_6H_5CH=CHCHO+H_2O \xrightarrow{OH^-} CH_3CHO+C_6H_5CHO \qquad (4-1)$$

在该反应中存在一个副反应，即肉桂醛和生成的乙醛发生羟醛缩合反应生成 5-苯-2，4-戊二烯醛（PPDA），其反应方程式如式(4-2) 所示。

$$C_6H_5CH=CHCHO+CH_3CHO \xrightarrow{OH^-} H_2O+C_6H_5CH=CH-CH=CHCHO \quad (4-2)$$

碱性水解法的反应不需要高温高压，反应液为水和油的两相物质，因此其工艺简单、容易控制、设备要求低，是我国生产天然苯甲醛的主要方法。此外，碱性水解法对环境友好，因而引起大家的兴趣，对其研究得最多，也得到了工业化生产。然而该方法的缺点是肉桂醛与水的接触不完全，导致反应不充分，苯甲醛的收率较低，因此在实际反应中需要加入相转移催化剂或表面活性剂来提高两者的相传质速率和反应速率。

4.4.1.2.2　碱性水解法合成天然苯甲醛的总工艺流程

由肉桂油或肉桂醛合成天然苯甲醛的工艺可以总结为以下几步：肉桂醛的水解、油水分离、粗品提纯。其工艺流程如图 4-10 所示。

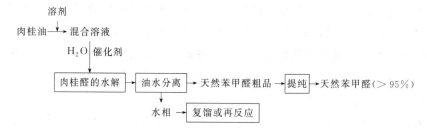

图 4-10　碱性水解法合成天然苯甲醛的总工艺流程图

首先，将肉桂油溶解于丙二醇、正丁醇等溶剂中，然后加入水、催化剂或表面活性剂，在反应器中进行水解反应。反应结束进行油水分离，得到的油相为天然苯甲醛粗品（主要含有苯甲醛和溶剂），水相（芳香水）可以进行再反应或进行复馏提取其中的芳香物质。天然苯甲醛粗品在进行溶剂的分离后即得到天然苯甲醛产品。

4.4.1.2.3　碱性水解法合成天然苯甲醛工艺的优化

（1）物料比

肉桂醛水解反应中的物料为肉桂醛、碱催化剂和水，其中，水与肉桂醛的比例决定了肉桂醛的初始浓度，催化剂的用量决定了体系的 pH。虽然水是反应物之一，但通常水的用量不宜过大，一是因为肉桂醛的初始浓度越大，反应速率越快；二是因为在下一步的分离提纯过程中需要处理的物料量过大，会提高操作的成本，因此需要保持水和肉桂醛的比例为一个合适的值。水解反应所需的碱性环境是由催化剂提供的，当体系碱性较弱时，反应速率很低，提高催化剂的用量有利于水解反应，但当用量达到一定范围时，肉桂醛转化率的提升幅度会降低，因此催化剂用量也存在一个合适的范围。使用 NaOH 为催化剂时，该反应的最佳 pH 为 12.5 左右。

（2）反应温度

反应温度对肉桂醛的水解反应影响较大，通常反应温度越高，反应越快，肉桂醛转化率越高。但为保证反应的温和性和保持苯甲醛的天然性，不宜使用过高的反应温度。有研究表明，肉桂醛的水解反应为一级反应，当水解使用的催化剂不同时，其最佳的反应温度也不同，因为催化剂会改变反应的能垒。例如，在不加入催化剂的亚临界水中，肉桂醛水解反应的活化能为 59.80kJ/mol，当以 D296 阴离子交换树脂为催化剂时，反应的活化能降低到 25.71kJ/mol[37]。此外，该反应的反应活化能与体系的 pH、碱催化剂的种类也密切相关，而与这方面相关的动力学研究还比较欠缺。

（3）催化剂种类

① 碱催化剂。碱性水解法合成天然苯甲醛的反应必须在碱性环境下进行，传统工艺中以碱作为催化剂，例如采用 NaOH、KOH、$KHCO_3$ 和 $NaHCO_3$ 等，但由于水油两相的接触面较小，因此反应速率较小，存在很大的局限性。

② 相转移催化剂。相转移催化剂通常具有两种性质，一是它能够与水中的离子结合，二是它对苯甲醛具有亲和性，这样的催化剂可以解决该反应中两相体系不互溶的问题。与传统的合成方法比较，相转移法具有生产工艺简单、生产成本低和反应条件温和等一系列优点，但也存在着产率较低、相转移催化剂的毒性处理和产物分离等问题，破坏了苯甲醛的天然性。

例如，在 β-环糊精（β-CD）存在下，肉桂醛以碱性水解法合成苯甲醛的工艺是以水为唯一溶剂的，β-CD 可以与肉桂醛在水中形成包合物，从而提高反应的选择性，反应条件相当温和。然而，上述方法是一个均相反应过程，产物很难从碱性溶液中分离出来，这增加了生产成本。

③ 氨基酸催化剂。肉桂醛碱性水解法合成苯甲醛所使用的氨基酸（AA）催化剂一般是指手性氨基酸催化剂，例如 L-脯氨酸、L-苯丙氨酸、L-缬氨酸等。这些手性氨基酸催化剂可以提高反应速率和产率，同时可以控制合成的苯甲醛的立体构型。在反应中，氨基酸催化剂通过形成亲核性中间体，促进肉桂醛与水先进行加成反应，然后发生重排生成乙醛和对应的醛酮化合物，其反应通式如式(4-3) 所示。

$$R^1R^2C\!=\!\!CHCHO \xrightarrow[\text{AA}]{H_2O} R^1R^2C(OH)CH_2CHO \xrightarrow{\text{AA}} R^1R^2C\!=\!\!O + CH_3CHO \quad (4\text{-}3)$$

氨基酸催化剂具有手性选择性，因此可以控制苯甲醛的立体构型。例如，使用 L-脯氨酸催化合成苯甲醛时，得到的产物主要是 S-苯甲醛，而使用 D-脯氨酸催化则会得到 R-苯甲醛。这种手性选择性对于某些应用具有重要意义。

总之，氨基酸催化剂是一种有效的催化剂，可以提高肉桂醛碱性水解法合成苯甲醛的反应速率和产率，并且可以控制产物的立体构型。

（4）表面活性剂

在碱性水解法合成苯甲醛的过程中加入表面活性剂可以起到以下几个作用：①降低反应液的界面张力，促进反应物的混合和传质，有利于提高反应速率和产率；②增强反应物与催化剂之间的接触，有利于催化剂发挥作用，提高反应效率；③防止反应物在反应过程中沉淀或分散，保证反应的均匀性和稳定性；④促进反应产物的分离和纯化，有利于提高产物的纯度和收率。因此，在碱性水解法合成苯甲醛的过程中，加入适量的表面活性剂是一种有效的措施，可以优化反应条件，提高反应效率和产物质量。

国外最早使用吐温系列作为该反应使用的表面活性剂，国内也有的用阳离子表面活性剂如十六烷基三甲基溴化铵。虽然该工艺生产的苯甲醛的气味温和、天然度较高，但也存在苯甲醛产率较低和副反应较多等问题。经初步分析可能的原因有：表面活性剂如吐温在较高温度下的皂化造成了碱的消耗，从而使碱的浓度不易控制；表面活性剂长时间在高温反应釜中滞留，使主产物苯甲醛发生聚合、歧化等反应；表面活性剂的存在使水相和油相的分离变得困难，有一部分苯甲醛在水相中乳化[36]。

4.4.1.2.4　天然苯甲醛的提纯

（1）减压蒸馏

减压蒸馏在工业提纯分离操作中应用广泛，因其蒸馏温度低、设备简单易操作、分离效率高，是生产高纯度天然苯甲醛最常用的工艺。由于苯甲醛容易被氧化成苯甲酸，生产高纯度的天然苯甲醛时需要通入惰性气体进行保护。减压蒸馏通过降低系统压力，可以在较低温度下分离和提纯苯甲醛，避免了高温下苯甲醛的分解和副反应的发生，同时提高了分离效率和纯度。

（2）分子蒸馏

分子蒸馏也是一种常用的提纯手段，特别在植物精油的提取和纯化中应用广泛。与减压蒸馏相比，分子蒸馏更适用于高沸点、高熔点、高黏度、易聚合等难以通过其他方法提纯的化合物。分子蒸馏对具有不同分子大小、极性、表面积、形状、挥发性的化合物进行选择性分离和提纯时，分离的选择性更高。因此，分子蒸馏提纯天然苯甲醛更加高效，可以用于生产高度纯化的产品，但其处理量小、设备成本和能耗较高，一般只适用于中小规模的生产。

（3）精馏反应塔

精馏反应塔是一种新型提油设备，其优势在于把肉桂油的水解反应和苯甲醛的提纯两个单元操作耦合于同一个设备中进行。精馏反应塔及收集设备的简图如图 4-11 所示。

在实际操作中，使肉桂油物料和水蒸气在精馏段接触，以碱性溶液为催化剂，只需调节物料比、回流比、塔内压力和催化剂的用量四个条件，即可实现苯甲醛的合成和提纯。精馏反应塔对能量的利用率较高，是十分具有应用前景的新型合成工艺。

4.4.1.3　苯甲醛的功效及应用

苯甲醛主要分为工业级、食品级和药用级，其中工业级苯甲醛占市场的绝大多数。苯甲醛主要用于有机合成、医药工业、染料工业、农药工业、香料工业、食品工业和涂料工业等[16]。苯甲醛是一种重要的有机合成中间体，由于其具有高反应活性而广泛用于各种化合物的构建中，可用于合成肉桂酸、肉桂醛和苯甲酸苄酯等。在医药工业中，苯甲醛可用于制苯唑西林、苯甘氨酸、甲氧氯普胺、中枢兴奋药匹莫林、碘番酸以及苯妥英钠等，在传统上苯甲醛还用于癌症等。在染料工业中，苯甲醛可用于合成碱性染料、分散染料和食品染料等。在农药工业中，苯甲醛可用于生产除草剂敌草隆、草吡唑、抑菌剂以及其他农药（如抗倒胺）等。在香料工业中，苯甲醛可用于生产茉莉醛，广泛用于调配茉莉香型香精[39]，还用作杏仁香精的主

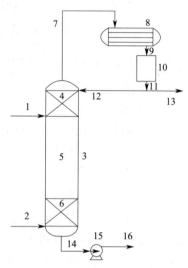

图 4-11　肉桂油生产天然苯甲醛的精馏反应塔设备流程图[38]

1—肉桂油原料进料口；2—水蒸气进料口；3—精馏反应塔；4—精馏段；5—催化反应段；6—提馏段；7—塔顶蒸汽；8—塔顶冷凝器；9—管线；10—塔顶回流储罐；11—管线；12—塔顶回流管线；13—产品采出管线；14—塔底物料流出管线；15—塔底物料采出泵；16—物料采出管线

体原料，因为苯甲醛有典型的杏仁香气。在食品工业中，苯甲醛是允许使用的食品用合成香料，因此可用于合成人造调味剂。

4.4.2　肉桂醇与苯丙醇

4.4.2.1　肉桂醇与苯丙醇简介

肉桂醇是肉桂油中的主要成分肉桂醛的加氢产物之一，呈白色至黄色针状或块状结晶，带有淡花香和甜味，较为稳定，保存时应避开强氧化剂。它溶于乙醇、丙二醇和大多数非挥发性油，难溶于水和石油醚，不溶于甘油和非挥发性油，主要用于配制杏、桃、树

莓、李等香型香精，也用作有机合成中间体。

不饱和醇广泛用于生产精细化学品，如香料和香水，主要通过不饱和醛的氢化反应得到。肉桂醛的选择性加氢反应包括两个平行且连续的不同官能团的还原，即对肉桂醛分子上的 C＝O 键和 C＝C 键进行选择性加氢，并产生相应的产物（肉桂醇和苯丙醛）。从热力学的角度来看，C＝O 键的键能为 715kJ/mol，而 C＝C 键的键能为 615kJ/mol，断开化学键需要的能量越少，反应越容易发生，因此 C＝C 键的氢化反应更容易进行。设法提高对 C＝O 或 C＝C 键的加氢选择性并避免另一个不饱和键发生氢化是至关重要的。

苯丙醇是肉桂醛的另一个加氢产物，是一种无色油状液体，具有温和的芳香气和中等强度的甜味，类似风信子味和杏味气味，作为一种香料成分广泛用于食品、化妆品以及家用清洁剂和洗涤剂等非化妆品中。苯丙醇也可以作为医药工业和化学工业中的前体和反应物。苯丙醇还是合成药物苯丙氨酯的底物，苯丙氨酯是一种中枢性骨骼肌松弛药，用于治疗肌肉痉挛。此外，苯丙醇作为合成胺、醚和其他化学品的反应物，应用于涂料、树脂和药物合成等领域。尽管天然苯丙醇存在于草莓和茶叶中，但由于其在植物材料中的含量较低，因此无法从这些天然来源中经济地提取[40]。目前，苯丙醇的石油化生产工艺对环境不友好且不可持续，采用金属催化剂催化肉桂醛加氢获得苯丙醇是绿色环保的合成路线。通过设计合适的催化剂，可以调控 α,β-不饱和醛的加氢选择性生成饱和醇或不饱和醇[41]。

4.4.2.2　肉桂醇和苯丙醇的合成工艺

4.4.2.2.1　合成肉桂醇和苯丙醇的基本原理

肉桂醇和苯丙醇都是肉桂醛的氢化产物，由肉桂醛的不饱和双键选择性还原或加氢制得，主要合成方法为化学还原法和催化加氢法。

① 化学还原法。工业上广泛使用的是化学还原肉桂醛的工艺路线，一般使用异丙醇铝、苄醇铝、硼氢化钾等作为还原剂，选择性还原肉桂醛的 C＝O 键合成肉桂醇，其反应式如式(4-4)、式(4-5) 所示。

$$C_6H_5CH＝CHCHO \xrightarrow[OH^-]{异丙醇/异丙醇铝} C_6H_5CH＝CHCH_2OH \qquad (4-4)$$

$$C_6H_5CH＝CHCHO \xrightarrow[OH^-]{KBH_4} C_6H_5CH＝CHCH_2OH \qquad (4-5)$$

虽然采用化学还原法获得的肉桂醇不会涉及 C＝C 键，但收率低，而且还存在步骤多、周期长、后处理复杂和工业废水污染严重等缺点，不符合绿色发展的要求。

② 催化加氢法。通过催化剂活化 H_2 产生活化氢，活化氢进攻肉桂醛的 C＝O 键实现选择性加氢，其反应式如式(4-6) 所示。

$$C_6H_5CH＝CHCHO+H_2 \xrightarrow[\Delta]{催化剂} C_6H_5CH＝CHCH_2OH \qquad (4-6)$$

该法比较符合现代化工对原子经济性和绿色化学的要求，但是此方法选择性低，需要使用高选择性的催化剂，且反应需要高温、高压条件，对设备的要求也比较高，催化剂和设备都比较昂贵，因此生产成本很高。

4.4.2.2.2　合成肉桂醇和苯丙醇的总工艺流程图

以肉桂油为原料合成肉桂醇和苯丙醇，无论采用化学还原法还是催化加氢法，其工艺流程都可用图 4-12 的总工艺流程图表示，其流程包括：合成反应、分离纯化、蒸馏提取和回收。在具体操作中两种合成方法所使用的溶剂、催化剂、反应条件、提纯手段等会有所不同。

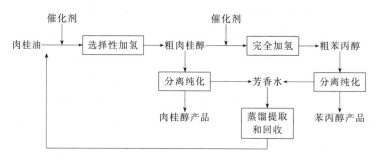

图 4-12　合成肉桂醇和苯丙醇的总工艺流程图

① 化学还原法。以硼氢化钾还原肉桂醛为例，通常采用甲醇或乙醇为溶剂，在反应前调节体系 pH＝12～14，再加入硼氢化钾，完全溶解后，在 30℃以下滴加肉桂醛，待反应完成，加入丙酮分解过量的硼氢化钾，并用盐酸或稀硫酸将 pH 值调节至 7，通过升高温度和压力可以分离体系的溶剂，并冷却至 40～50℃静置，进行油水分离后，获得的油相即为粗肉桂醇，通过减压蒸馏精制粗肉桂醇获得最终的肉桂醇产品。该方法工艺简单，生产成本低，无污染，产品质量稳定可靠，肉桂醇收率可达 90％以上。

② 催化加氢法。与化学还原法不同，催化加氢法需要使用可承受高温、高压的反应器进行反应，工业上常用的反应器有釜式反应器、高压固定床反应器和滴流床反应器等。首先，将精制好的肉桂油溶解于溶剂中，在催化加氢法中，工业上最广泛使用的溶剂是异丙醇，其具有无毒、无污染、易于分离、体系副反应较少等优点；之后将反应物料通入填好固体催化剂的反应釜或固定床内，然后通入氢气进行升温升压，反应过程中需控制物料的流速；流出的料液需先进行离心、自然沉淀等步骤分离其中的固体催化剂，接着通过结晶法或蒸馏法分离溶剂，得到粗产品，最后经过精馏或分子蒸馏等方法精制，得到肉桂醇或苯丙醇产品。

总的来说，催化加氢法更加绿色环保，不需要使用剧毒的硼氢化钾，也不会破坏肉桂油中的天然成分，但催化加氢法使用的传统贵金属催化剂成本较高，因此近年来开发性价比高的催化剂是该领域的研究热点。然而，非贵金属催化剂的反应活性和稳定性普遍低于传统的贵金属催化剂，进而引发分离操作成本增加、催化剂寿命短等问题，对此还需要进行更多的研究来提供可行的催化剂方案。

4.4.2.2.3　催化加氢法的工艺优化

（1）催化剂种类

催化加氢法属于多相催化反应，由于肉桂醛的 C＝O 键比 C＝C 键具有更高的键能，C＝O 键的选择性加氢在热力学和动力学上均占劣势，因此，催化剂的选择是催化加氢法中至关重要的一环，也是研究的重点和难点，直接关乎生产的成本、经济效益、生产效率等。

肉桂醛催化加氢合成肉桂醇的传统催化剂是 Pt、Au 等贵金属催化剂，其催化活性高，肉桂醇的产率也高，因而研究得也最多，技术较为成熟。贵金属催化剂通常反应活性较高，通过对催化剂载体的修饰、引入第二金属修饰等方法还可以进一步提高其反应选择性。以 Pt 基催化剂为例，单金属 Pt 的负载型催化剂在 $60\sim100℃$ 的反应温度下都表现出较好的低温活性，例如碳纳米管、石墨、$CeO_2\text{-}ZrO_2$ 等负载的 Pt 催化剂，对肉桂醇选择性可达到 80％以上，而经过第二金属修饰的 Pt-M 双金属催化剂，例如 Pt-Fe、Pt-Co 等催化剂，对肉桂醇的选择性甚至可达 95％以上[42]。优秀的催化剂可以提高合成反应的产率和效率，大大节约下一步分离和精制过程的成本，提高经济收益，但如今贵金属催化剂普遍面临着造价昂贵的问题，这在一定程度上限制了产业的发展，且不符合可持续发展的要求，因此，近年来，开发廉价的非贵金属催化剂逐渐成为研究人员的重点。非贵金属催化剂以 Co、Ni 研究得最多，Co 金属对 $C=O$ 键的加氢具有较高的选择性，但反应较慢，产物组成较为复杂，难分离；Ni 金属虽然对 H_2 具有很强的活化能力，反应快，但其更倾向于对 $C=C$ 键的加氢，如何提高 Ni 催化剂对 $C=O$ 键的加氢选择性是一个极具挑战的问题。

在肉桂油加氢合成苯丙醇的反应中，Pt 基催化剂仍然是运用最广泛的催化剂，这归因于 Pt 具有较好的反应活性，能够使得 $C=O$ 键的活化加氢反应容易发生。但与合成肉桂醇不同的是，苯丙醇的合成不需要抑制 $C=C$ 键的加氢，反应以节能、高效为主要目的，因此催化剂方案和工艺条件会有所差别。石墨材料是不饱和醛加氢中较多使用的载体之一，它对肉桂醛上的不饱和键有良好的吸附作用，肉桂醛在石墨材料上的吸附主要为平面吸附，因此 Pt/石墨催化剂对肉桂醇的选择性较低，但该催化剂可以高效产生苯丙醇，Pt 与石墨之间的电荷转移以及肉桂醛分子与石墨之间的 $\pi\text{-}\pi$ 相互作用是促进不饱和键加氢的关键因素[43]。此外，通过合成双金属纳米颗粒，可进一步提高金属催化剂的加氢选择性反应活性。用 HCl 处理 PtFe 纳米催化剂体系时，Fe 从 PtFe 纳米球催化剂（Pt-Fe-ANSs）中蚀刻出来，暴露出更多的活性位点。由于电子从 Fe 过渡到 Pt 金属，具有氧化态的 Fe 优先吸附 $C=C$ 键，而具有高电子密度的 Pt 优先吸附 $C=O$ 键，从而形成苯丙醇，对苯丙醇的选择性达到 99.7％[44]。

为了探究催化剂载体在肉桂醛反应生成苯丙醇中的作用，有研究以石墨、石墨烯和类石墨相氮化碳（$g\text{-}C_3N_4$）等材料作为对比载体，进行了对比实验。石墨烯作为一种单原子厚的平面石墨片，已经引起了人们的极大关注。在探究 4％ Pt/石墨在肉桂醛上的反应机理时，使用石墨烯作为载体进行了对比实验，对比实验中 4％ Pt/石墨烯具有良好的催化效果，肉桂醛转化率为 98.0％，苯丙醇的产率为 88.0％，对苯丙醇的选择性为89.8％，这和 4％ Pt/石墨的催化性能相近。石墨烯可以与 Pt 金属和芳香族化合物强烈相互作用，并且在 Pt 纳米颗粒和石墨烯载体之间可能发生电荷转移。由于石墨烯的大 π 结构，具有 π 轨道的肉桂醛分子可以很容易通过 $\pi\text{-}\pi$ 相互作用吸附在其表面。此外，通过其他具有 π 结构的载体进行对比实验，如 $g\text{-}C_3N_4$，同样在肉桂醛加氢中也表现出优异的催化活性，肉桂醛转化率达到了 98.5％，产率达到了 96.7％。在使用没有 π 结构的碳材料活性炭（AC）作为载体时，发现其催化活性远低于石墨、石墨烯和 $g\text{-}C_3N_4$ 这些具有 π结构的载体。因此将类似的催化性能归因于肉桂醛分子和载体（石墨、石墨烯和 $g\text{-}C_3N_4$）之间的 $\pi\text{-}\pi$ 相互作用。

反应温度和压力对苯丙醇的选择性也有很大的影响。在 Pt/CeO_2-ZrO_2 催化剂上，随着温度从 50℃ 升高到 70℃，肉桂醛转化率呈现从 81% 到 100% 的连续增加，同时由于升高了反应温度下，肉桂醇继续深度加氢为苯丙醇[45]。0.2%Pd-1.2%Ni/SBA-15 催化剂在 12bar（1bar$=10^5$Pa）氢气压力下对苯丙醛表现出最高的选择性，随着 H_2 压力进一步增加到 16bar，苯丙醛也发生了过度加氢，转化为苯丙醇。

在肉桂醛加氢反应中，催化剂对 H_2 的吸附和活化通常是反应的决速步骤，升高反应温度或反应压力，均有利于提高 H_2 的传质速率，促进活性氢物种的产生，因此提高反应温度和压力通常有利于提高加氢反应速率和深度加氢，但不利于中间产物肉桂醇的产生。

载体对肉桂醛加氢制备苯丙醇的作用不可忽视，在具有双金属镍/钌（1.3%Ni 和 0.74%Ru）的镁铝水滑石（MAHT）上，肉桂醛的官能团完全氢化为苯丙醇。该催化剂在 150℃ 和 1MPa H_2 压力下显示出肉桂醛的完全转化，对苯丙醇的选择性为 97.5%。双金属 Ni-Ru 位点和水滑石材料的表面碱性位点的协同作用使该催化剂在肉桂醛加氢中表现出较高的催化活性，并且在多次反应之后催化剂依然保持良好的稳定性[46]。

（2）反应器种类

① 釜式反应器。釜式反应器是工业上肉桂醛加氢生产肉桂醇使用最多的一种反应器，在肉桂醇生产工艺中通常为间歇操作，其操作简单，只需将反应物料、催化剂混合加入即可，可满足肉桂醛加氢所需的高温高压要求。釜式反应器的特点在于，催化剂与反应液长时间接触，因此肉桂醛的转化率较高，但提高了分离纯化的成本，并且难以控制反应的程度，易发生副反应，因此对催化剂的要求非常高。

② 固定床反应器。固定床反应器是一种连续反应器，常用于多相催化反应。对肉桂醛加氢反应来说，反应物料和氢气在进入固定床前需要进行混合，再通入固定床与催化剂接触进行反应，过程需要对物料流速进行控制。固定床反应器的优点是可以控制物料在催化剂层的停留时间，从而控制反应的程度；由于减少了催化剂与物料的接触时间，许多副反应也得到抑制，因此可以达到较高的产率。

③ 滴流床反应器。滴流床反应器是应用最广泛的气-固-液三相反应器，在气-固-液三相反应中具有无可比拟的优势。在有催化剂粒子填充的滴流床反应器中，由于气液并流向下流动产生的压降较小，且不易液泛，因而是滴流床最广泛使用的操作形式，其优势包括：气液流动均接近活塞流，单个反应器的转化率较高；实际操作的液固比小，若存在液相均相副反应时，不至于对目标产物的收率产生大的影响；液体呈膜状流动，从而气体反应物通过液相扩散至固体催化剂外表面的阻力较小；压降较小，以至整个床层压力较为均匀；在反应器中，气体和液体分布均匀，液体能均匀而充分地接触催化剂，保证了生产的稳定性。

4.4.2.2.4 肉桂醇和苯丙醇的提纯

在肉桂醛催化加氢反应中，会同时产生多种加氢产物和缩醛等副产物，过滤完催化剂后，这些产物与目标产物一同溶解于反应溶剂中，无法直接分离，所以必须对粗产品进行提纯。

肉桂醇的提纯通常有两种方法，分别是冷却结晶法和蒸馏法。

① 冷却结晶法。肉桂醇的凝固点为33℃，要低于反应体系中的其他产物，因此可以将反应液在冷水中冷却，使肉桂醇结晶，过滤后的固体即为肉桂醇，但此法的缺陷在于仍然有部分肉桂醇会溶解在溶剂中，造成浪费，因此需先对混合溶液升温升压以除去溶剂。

② 蒸馏法。蒸馏法是传统精制植物精油的常用方法，可以实现溶剂、肉桂醇和其他产物的分离，常用的工艺有减压蒸馏、分子蒸馏、精馏等。

肉桂醛催化加氢生产苯丙醇的反应收率一般较高，只需通过减压蒸馏或萃取蒸馏分离少量副产物及溶剂，即可获得高纯度的苯丙醇产品。

4.4.2.3　肉桂醇和苯丙醇的功效及应用

肉桂醇具有独特的高品位香气，因此常用作定香剂、修饰剂，也常作为原料来调配其他香精香料，具有很好的提香和留香效果。此外，其也是重要的医药原料，常用于血管扩张药，如桂益嗪等的合成。肉桂醇对病毒引起的肺癌能有效抑制，临床用于白血病、子宫内膜癌、卵巢肿瘤、食管癌等。结构单元上看，肉桂醇是肉桂酯的结构单元，可通过与羧酸或羧酸衍生物反应生成肉桂酯。以肉桂醇作为中间体制备的肉桂基氯，是用来制备长效多功能的血管扩张药桂益嗪的优良原料，肉桂基氯也可以用来合成抗真菌药萘替芬和抗肿瘤药托瑞米芬。

大量研究表明，在药理上，肉桂醇具有抗抑郁作用、抗焦虑作用和抗伤害活性，能够缓解许多精神疾病；在生理上，肉桂醇能够通过抑制脂氧合酶的活性来发挥抗炎作用，并且可能具有抗氧化活性[47]，这意味着肉桂醇可以用于养护产品行业，用来提高产品的延缓衰老、抗氧化的功能。此外，肉桂醇已被证明对多种病原体具有一定抗菌、抗病毒和抗真菌活性作用[48]，因此可以应用于食品行业、农业、畜牧业等领域。关于肉桂醇在临床试验中的研究还十分欠缺，还存在很大的开发空间。

苯丙醇具有温和的、芳香的花香和中等强度的甜味，可作为一种香料成分广泛用于食品和化妆品中。另外，苯丙醇还具有抗菌性能，是制药和化学工业中的重要前体和原料。另外，苯丙醇在日用品行业应用十分广泛，如止汗剂、沐浴用品、身体乳液、淡香水、面霜、香霜、发胶等中都含有苯丙醇[40,49]。

4.4.3　肉桂酸

4.4.3.1　肉桂酸简介

肉桂酸是一种天然存在于植物中的有机酸，具有低毒性和广泛的生物活性。这个名字的前身是香料肉桂，人类已知并使用了至少4000年。肉桂酸通常仅以微量存在，可能是某些天然油和树脂的主要成分。肉桂酸是一种芳香族脂肪酸，由被丙烯酸基团取代的苯环组成，通常以反式构型存在。肉桂酸是一个相对较大的有机酸家族，具有抗菌、抗真菌和抗寄生虫活性。它们被用于大分子合成，是莽草酸和苯丙烷途径中的关键中间体，也是类黄酮和植物结构成分木质素的前体[50]。肉桂酸也可以由苯丙氨酸解氨酶合成，用于生物碱、香豆素和木质素的合成，木质素是一种来源于羟基肉桂酸和乙氧基肉桂酸的聚超环丙烷化合物，它在许多陆地植物中的含量高达20%～30%[51]。作为各类聚合物的非常重要的构建块，肉桂酸具有迷人的性质，特别是由于在其主链或侧链中存在肉桂酰基，即众所周知的光响应单元，因此具有高的光活性[52]。肉桂酸具有低毒性，其分子结构和苯乙烯等类似分子的已知毒性引起了毒理学家的注意。经过先前的体内研究发现，肉桂酸对小鼠的急性致死剂量为 $160\sim220mg/kg$，对大鼠为 $2.5g/kg$，对兔子为 $5g/kg$，并且大鼠在长期给药后没有表现出肝毒性或蓄积的迹象；在剂量超过人类从食物中摄入的任何可能剂量的 $200\sim300$ 倍的情况下，肉桂酸对大鼠也没有胚胎毒性[53]。

4.4.3.2 肉桂酸的合成工艺

传统上肉桂酸的合成方法为 Perkin 法，在实验室和工业合成中普遍使用，该法以苯甲醛、酸酐为原料，在弱碱的作用下进行亲核加成生成肉桂酸，常用的催化剂为弱碱，例如碳酸盐、醋酸盐、固体弱碱等。该法具有原料易得、操作简单、产物纯度高且不含氯离子等优点，但产率低、能耗高、生产和分离的成本较高，不符合绿色化工和可持续发展的要求。

以肉桂油为原料合成肉桂酸具有天然性好、绿色无毒等优势。肉桂酸是防晒霜中的必需成分，也是常用的防腐剂、食品调味剂。以天然肉桂油合成的肉桂酸在其天然性、安全性和品味上具有显著的优势，近年来正逐渐取代传统的工业制法。下面将以催化氧化法为例介绍肉桂油合成肉桂酸的工艺。

（1）催化氧化法合成肉桂酸的基本原理

肉桂油合成肉桂酸的基本原理是肉桂醛的催化氧化反应，以空气、O_2、H_2O_2 等为氧化剂，在弱碱性条件下氧化肉桂醛的羰基生成羧基盐，其反应的方程式如式(4-7) 所示。采用此法合成的肉桂酸保留了肉桂油的天然性，工艺简单，能耗低，肉桂酸收率高，该法也是工业上肉桂油深加工合成肉桂酸的主要工艺。

$$C_6H_5CH\!=\!CHCHO \xrightarrow[\text{催化剂}]{\text{碱},O_2} C_6H_5CH\!=\!CHCOONa \xrightarrow{\text{酸}} C_6H_5CH\!=\!CHCOOH \quad (4\text{-}7)$$

（2）催化氧化法合成肉桂酸的总工艺流程图

基于上述的合成原理，肉桂油合成肉桂酸的工艺流程如图 4-13 所示。

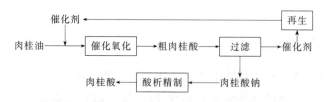

图 4-13 催化氧化法合成肉桂酸的总工艺流程图

以 Ag/C 催化剂催化氧化肉桂醛为例，首先通过减压蒸馏、分子蒸馏等手段对肉桂油进行纯化，提高精油中肉桂醛的含量，然后将肉桂精油溶解于溶剂中，加入碳酸钠或醋酸钠后放入填有催化剂的反应器中，通入空气或氧气作为氧化剂，控制反应温度为 45℃左右，反应约 1h 即生成肉桂酸钠。待反应完毕，进行过滤或沉淀操作，分离固体催化剂，获得的液相为肉桂酸钠溶液，接着调节溶液 pH 为 1.5～2.0，使肉桂酸酸析，即可完成肉桂酸与溶剂的分离和精制。在该反应中，Ag/C 催化剂为工业上普遍使用的催化剂，若催化剂活性下降或失活，可以使用水蒸气处理或使其在蒸馏水中加热煮沸，使催化剂再生。

（3）催化氧化法合成肉桂酸工艺的优化

在肉桂醛催化氧化生成肉桂酸的反应中，Ag 作为活性组分表现出较好的催化性能，该催化剂的产品收率高、无污染，在实际应用中以负载型 Ag 催化剂使用较多，例如上述的 Ag/C 催化剂。但负载型 Ag 催化剂存在金属易脱落、Ag 损耗大等问题，且负载型 Ag 催化剂在实际反应中易吸附肉桂醛，导致 Ag 被肉桂醛包裹而失活，必须控制肉桂醛的滴加速率从而限制了生产效率，因此，必须对现有的催化剂进行改良。

为了解决负载型 Ag 催化剂存在的问题，有研究提出了无需引入载体的催化剂方案，直接制备纳米 Ag 催化剂进行催化氧化反应，从而消除了载体对肉桂醛的大量吸附导致的催化剂失活的问题[54]。该方案与负载型 Ag 催化剂的方案相比，在一定程度上提高了金属利用率，简化了工艺过程，提高了肉桂醛的滴速，且通过催化剂的自然沉降分离固液相，但该方案需使用 4.5MPa 的氧气进行反应以提高反应的速率，对生产设备有较高的要求，存在一定的安全问题。

上述的金属催化剂催化肉桂醛氧化的方法，虽然能够实现肉桂酸的高产率，但反应体系需使用大量的有机溶剂如乙酸、丙腈、二氧六环等，存在分离成本高、废液处理工艺复杂、易污染环境等问题。为了避免上述问题，有研究提出了以新型腈水解酶作为催化剂催化氧化肉桂醛的方法[55]，即采用固定化腈水解酶为催化剂，体系以易于分离的低沸点石油醚、乙醚等为溶剂，以十二烷基磺酸钠为相转移催化剂，在空气鼓泡或 H_2O_2 下进行反应，肉桂酸的收率可达到 97% 以上。这种酶催化方法利用了腈水解酶催化肉桂醛 C═O 键水解的高活性，其优势在于，体系中的各种组分分离较容易，通过萃取、过滤、蒸馏等手段即可逐一实现溶剂分离、催化剂分离和肉桂酸精制。但是，该方案在反应体系中引入了相转移催化剂，可能破坏产品的天然性或是导致毒性残留。

4.4.3.3 肉桂酸的功效及应用

肉桂酸是植物组织中苯丙氨酸的脱氨基产物，是肉桂油的成分之一，也是深加工产品之一；作为植物来源的气味和调味品的一种成分，人类使用历史悠久。在商业上，肉桂酸产品一般为天然提取物或由天然肉桂油加工获得的，具有很高的天然性、安全性，因此被允许用作食品调味剂。在医药和日用品领域，肉桂酸及其衍生物具有美白、延缓衰老、抗氧化和抗菌等功效，是制备 L-苯丙氨酸、冠心病药心可舒、麻醉剂、杀菌剂、止血药等药物合成的中间体和原料，也是防晒霜中的必需成分，应用十分广泛。在香料工业中，肉桂酸用于合成肉桂酸甲酯、乙酯和苯酯，用作食品、化妆品香料，有较好保香作用。在农药工业中，肉桂酸用于生长促进剂、长效杀菌剂、果品蔬菜的防腐剂等。此外，肉桂酸还用于生产感光树脂的主要原料乙烯基肉桂酸。肉桂酸是测定铀、钒及分离钍的试剂。

肉桂酸具有多种药理活性，包括抗微生物和抗炎活性，以及血小板聚集功能[53]。肉桂醛及其衍生物肉桂酸是肉桂的主要化学成分，其在心血管疾病中具有潜在的治疗益处。据报道，肉桂和肉桂油的水提取物可以减少异丙肾上腺素（ISO）引起的心脏功能损伤和血流动态变化，对异丙肾上腺素诱导的急性缺血性心肌损伤具有心脏保护作用[56]。肉桂酸对人类实体瘤具有活性，会导致人类肿瘤（包括黑色素瘤、激素抵抗性前列腺癌、肺癌和胶质母细胞瘤）细胞生长停滞。除了细胞停滞外，肉桂酸还被发现可以诱导肿瘤细胞分化，这与肿瘤转移和免疫原性相关的基因的调节有关[53]。肉桂酸可用于合成氯霉素、肉桂酸酯、瑞舒伐他汀等，也可用于制备麻醉剂、杀菌剂和止血药等。

以肉桂酸作为原料，可以合成众多肉桂酸的衍生物，例如肉桂酸甲酯，肉桂酸乙酯、肉桂酸丙酯、肉桂酸异丙酯、肉桂酸丁酯、肉桂酸异丁酯、肉桂酸正戊酯、肉桂酸异戊酯等，这些产品都广泛应用于香精香料、日用化学品、医药等领域。

4.5　肉桂油产业现状、存在问题以及发展趋势与对策

4.5.1　产业现状

肉桂油是一种重要的精油产品，被广泛用于食品、香料、医药和化妆品等领域。全球肉桂油市场规模较大，主要产地包括印度、印度尼西亚、斯里兰卡、中国和越南等国家。截至 2016 年，我国肉桂种植面积达 3.3×10^5 公顷，年产肉桂 $3 \times 10^8 kg$、桂油 $2.0 \times 10^6 kg$，种植面积和年产量均居世界首位，其产品远销欧洲、美洲、亚洲的 40 多个国家和地区，最高年贸易额超过 4 亿美元[57]，近年来由于国家政策调整，肉桂的种植面积有所下降，但产量和交易额都在逐年提升，说明我国肉桂产业的生产工艺一直在进步。2020年和 2021 年肉桂的出口金额均在 2.7 亿美元以上，在未来，肉桂油的市场规模还将进一步扩大。在中国，肉桂油是一个比较小众的产业，但中国的肉桂油产量较大，主要产地位于广西、云南、福建等省份。随着科技的发展，中国肉桂油产业发展迅速，国内肉桂油厂家开始逐渐向高品质产品和高附加值产品发展，同时肉桂油的各种营养价值和保健功效日益被人们所认识和关注，肉桂油在全球市场的前景广阔。

肉桂油产业目前处在一个高速发展的阶段，肉桂油的提取技术经过多年发展已经形成了成熟的提取工艺，肉桂油及其衍生物的相关产品正在由初级产品逐渐转向深加工产品。目前，苯甲醛是肉桂油加工的终端产品，由天然肉桂油生产苯甲醛的工艺目前全世界只有中国上海和东兴具备相关的工艺技术，苯甲醛的纯度可以达到 99.99%，处于世界领先水平。肉桂油的加氢衍生物产品即肉桂醇和苯丙醇，目前还没有在工业上通过肉桂油进行大规模生产的技术，但肉桂醇和苯丙醇在医药、香精香料等领域拥有不可替代的地位，因此相关技术的研发依然是热点之一。

4.5.2　存在问题

（1）产品质量不稳定

肉桂油的品质受到多种因素的影响，例如采收季节、制作工艺、存储方式等。肉桂枝、叶的采集方式是制约行业发展的重要因素，肉桂种植以生产肉桂皮为主，生产肉桂油

为辅。在春季，桂农一般优先进行剥肉桂皮的作业，在这个过程中又会产生大量桂枝、桂叶的浪费，时逢梅雨季节，堆积的桂枝、桂叶的含油率也会下降，有时甚至使春油得率降至正常年份的三分之二左右，这是导致近年来一些小型肉桂油生产厂家关闭的主要原因。在秋季采叶期间，大部分地区都不能剥肉桂皮，只是对桂树进行修剪，从而得到桂枝、叶。肉桂种植户为了节省时间和工作量，一般不等枝、叶风干，直接将新鲜的桂枝、叶打捆销售，导致包夹在中间的枝、叶发酵变质，使秋油的品质和产油率下降。因此，为了工厂生产、经营稳定，保证出油率和油品质量，必须保证桂枝、叶的采收品质。但目前分散经营的肉桂种植方式，难以建立规范稳定的作业方法来保证原料品质[58]。由于生产过程中难以完全控制这些因素，因此肉桂油的品质难以保持稳定。

（2）深加工过程中产生的剩余物的回收利用问题

我国每年生产肉桂油约 850t，其中有 500t 经减压分馏制备为近 400t 的肉桂醛。肉桂油在减压分馏过程中得到的副产品头油和尾油通过再分馏、离心、结晶等手段，可分离出香豆素、邻甲氧基肉桂醛等产品，但另有 10% 的剩余物目前还没有得到开发利用，即全国每年有多达 50t 的剩余物有待进一步开发利用。另外，在以肉桂醛为原料生产天然苯甲醛的过程中，会产生占原料量 8% 的聚合剩余物，全国每年累计有多达 30t 的此类聚合剩余物待处理。如何将剩余物变废为宝是各个肉桂油深加工企业急需解决的问题[58]。

（3）环保政策的制约

传统的水蒸气蒸馏法提取肉桂油需要消耗大量的燃料来维持锅炉蒸汽，现行政策要求锅炉燃料需改用清洁燃料，如生物质燃料等。一般肉桂油生产厂以肉桂提取后剩余的肉桂残渣为燃料，虽然肉桂残渣是生物质燃料，但各肉桂油生产厂均没有相关生物质燃料生产资质，因此，厂家直接燃烧肉桂残渣是不符合国家有关要求的。如果肉桂油生产企业全部采购生物质燃料来供锅炉使用，那将使得每吨肉桂油燃料成本增加 15 万元左右，而肉桂油行业近几年来每吨肉桂油的年利润最高也不超过 3 万元，这势必大大降低我国肉桂油产品在国际市场上的竞争力。

4.5.3　发展趋势与对策

近年来科学技术的更新迭代也促进了肉桂产业持续向好发展，从肉桂的种植采摘，到肉桂油的提取，再到肉桂油及其衍生物的深加工，肉桂及其衍生产品的生产工艺不断成熟，未来的技术将向着绿色加工的方向发展，不断优化生产工艺，降低生产的成本，提高资源利用率。

随着经济和科技的快速发展，肉桂生产链未来将向着基地化、集约化方向发展。肉桂行业的散户和生产商众多，大家各自为政，产品质量、生产工艺、销售渠道各不相同，使得肉桂油产业的发展受到制约，主要体现在：①选种仅停留在研究所的试验田和论文中；②育苗者不管种子的优良与否，只要是桂树种子就播种；③若肉桂行情不好，桂农就几年都不砍树、不管理；④肉桂油生产企业在肉桂油行情好时，连腐烂的桂、叶都抢着收购；⑤贸易商推波助澜，引起市场剧烈波动。肉桂油产业全生态链的发展应该建立相应的行业标准和管理、牵头部门。为了节约生产成本、提高效率，肉桂油产业需要建立完整的产业链和生产基地，优化生产流程，提高生产效率和产品品质。

肉桂油及其衍生产品在化妆品、保健品、医药等多个领域应用广泛，随着科技的进步其应用价值和经济价值逐步显现。肉桂油及其衍生产品已经是人类生活中不可缺少的产品之一，但产品的工业生产工艺和应用还在不断开发和优化。未来肉桂油产业将面临巨大发展机遇，要通过不断创新、研发、推广，拓宽应用领域，增强产品价值。

由于肉桂产业散户众多，缺少规范、统一的管理制度和标准，建立肉桂产业协会可能是一种良好的解决方案，其意义有：

① 通过协会建立引导渠道，争取国家精准扶贫等多渠道资金支持，将肉桂的选种、育苗、种植等有效地联动起来，研究高含油量种苗的选种、育苗、栽培技术，引导桂农种植、抚育、采伐等工作符合行业技术规范要求，为提供高品质的肉桂产品奠定基础。

② 通过协会建立沟通渠道，向政府传达本行业企业的共同诉求。一方面响应环保部门要求，另一方面组织相关行业专家对桂渣作为燃料相对于市售生物质燃料的不足与优势进行科学研究、论证。此外，结合肉桂油行业生产特点，强化"一行一策"的环境保护措施，真正实现"绿富同兴"。

③ 通过协会建立自律渠道，委托有能力的单位或企业建立专业化的检测机构，完善质量检测监督体系，加强流通环节产品质量监督管理，坚决打击卖家以次充好甚至掺假等恶劣行为，制定并执行行业退出机制，清退自毁行业的参与者，维护行业信誉[58,59]。

参考文献

[1] 程贤，毕良武，曾维星，等. 一种从肉桂枝叶中提取肉桂油的原料预处理方法：CN111748407A [P]. 2020-10-09.

[2] 陈永添，陈猛棠. 一种肉桂油的提取工艺：CN103215121A [P]. 2013-07-24.

[3] 黄爱强，农翔盛，黄爱毅. 一种提取肉桂油的方法：CN102559384B [P]. 2014-09-24.

[4] 余拓. 肉桂精油的提取、副产物利用及工程化设计 [D]. 广州：华南理工大学，2019.

[5] 胡贤陈，邱远望，董银萍. 一种适用于工业生产的肉桂油提取工艺：CN108277082A [P]. 2018-07-13.

[6] 胡文浩，周雪，李海池，等. 一种基于新鲜肉桂叶水蒸气蒸馏-分子蒸馏的优质肉桂油提取分离方法：CN114410382A [P]. 2022-04-29.

[7] 刘晓艳，白卫东，蔡培钿，等. 分子蒸馏精制肉桂油的研究 [J]. 安徽农业科学，2009，37（10）：4640-4642，4721.

[8] 阮海燕. 肉桂醛在香精香料、日用化学品及食品添加剂行业中的应用 [J]. 精细与专用化学品，2005，13（3）：9-10.

[9] 杨涛. 一种五香风味液体香精：CN114568677A [P]. 2022-06-03.

[10] Fadel H H M, Hassan I M, Ibraheim M T, et al. Effect of using cinnamon oil encapsulated in maltodextrin as exogenous flavouring on flavour quality and stability of biscuits [J]. Journal of Food Science and Technology, 2019，56（10）：4565-4574.

[11] 周春晖，刘羽纯，王雪梅，等. 一种肉桂油提取及其微胶囊香料产品的制备方法：CN113444566A [P]. 2021-09-28.

[12] 何新霞. 消炎止痒清凉油及其制备方法：CN106421251A [P]. 2017-02-22.

[13] 陈珏锡. 细支卷烟烟气气溶胶研究及植物精油开发 [D]. 湘潭：湘潭大学，2021.

[14] Khatua S, Acharya K. Antioxidative and antibacterial ethanol extract from a neglected indigenous Myco-food sup-

presses Hep3B proliferation by regulating ROS-driven intrinsic mitochondrial pathway [J]. B.Interface Research in Applied Chemistry，2021，11（4）：11202-11220.

[15] Yue L，Sun D，Khan I M，et al. Cinnamyl alcohol modified chitosan oligosaccharide for enhancing antimicrobial activity [J]. Food Chemistry，2020，309：125513.

[16] Letizia C S，Cocchiara J，Lalko J，et al. Fragrance material review on cinnamyl alcohol [J]. Food and Chemical Toxicology，2005，43（6）：837-866.

[17] Abdullah U H，Ahmad I，Hamzah A，et al. Effectiveness of starch/cinnamon oil film as food packaging with antimicrobial properties [J]. Sains Malaysiana，2020，49（8）：1935-1945.

[18] Chuesiang P，Sanguandeekul R，Siripatrawan U. Phase inversion temperature-fabricated cinnamon oil nanoemulsion as a natural preservative for prolonging shelf-life of chilled Asian seabass (Lates calcarifer) fillets [J]. Food Science and Technology，2020，125：109122.

[19] Zhou L，Fu J，Bian L，et al. Preparation of a novel curdlan/bacterial cellulose/cinnamon essential oil blending film for food packaging application [J]. International Journal of Biological Macromolecules，2022，212：211-219.

[20] 郜洪生，刘金松，董泽涵，等. 肉桂精油在家禽饲料中的应用研究进展 [J]. 饲料研究，2023，46（5）：147-150.

[21] 陈国寿，刘建华，周伟文，等. 一种饲料用抗菌促生长复合添加剂及其制造方法和应用：CN114947000A [P]. 2022-08-30.

[22] 柴建亭，胡梅，张书汁. 肉桂醛对肉鸡生长性能、养分利用率及肉质的影响 [J]. 中国饲料，2018，（18）：33-37.

[23] Ping H，Zhang G，REN G. Antidiabetic effects of cinnamon oil in diabetic KK-Ay mice [J]. Food and Chemical Toxicology，2010，48（8-9）：2344-2349.

[24] 陈璿瑛，彭小平，王琳，等. 肉桂油对胰岛素抵抗小鼠糖脂代谢的影响 [J]. 世界华人消化杂志，2011，19（33）：3441-3445.

[25] 尹欢欢. 肉桂醛通过肠道菌群改善糖尿病肾病早期蛋白尿的机制初探 [D]. 北京：中国医学科学院，2021.

[26] 褚鹿鹿，郭智慧，侯婧悦，等. 肉桂醛防治糖尿病的药理作用研究进展 [J]. 现代药物与临床，2023，38（2）：483-487.

[27] 李瑞滕. 治疗细菌性肺炎的肉桂油粉雾剂研究 [D]. 济南：山东中医药大学，2021.

[28] Xue F，Li X，Qin L，et al. Anti-aging properties of phytoconstituents and phyto-nanoemulsions and their application in managing aging-related diseases [J]. Advanced Drug Delivery Reviews，2021，176：113886.

[29] 贺均林，王建平，李宁，等. 肉桂油直接加氢制备 3-苯丙醛的方法：CN101863748B [P]. 2013-06-05.

[30] 陈海燕，何春茂. 肉桂油的深加工产品及其应用 [J]. 广西林业科学，2009，38（3）：179-182.

[31] 梁小静. 一种 α-溴代肉桂醛的合成方法：CN109704940B [P]. 2022-05-06.

[32] O'Neil，M. J. The Merck Index：An encyclopedia of chemicals，drugs，and biologicals [J]. Drug Development Research，2013，74（5）：339.

[33] Andrade M A，Martins L M D R. Selective styrene oxidation to benzaldehyde over recently developed heterogeneous catalysts [J]. Molecules，2021，26（6）：1680.

[34] Wu J，Su T，Jiang Y，et al. Catalytic ozonation of cinnamaldehyde to benzaldehyde over CaO：Experiments and intrinsic kinetics [J]. AIChE Journal，2017，63（10）：4403-4417.

[35] Zhan G，Huang J，Du M，et al. Liquid phase oxidation of benzyl alcohol to benzaldehyde with novel uncalcined bioreduction Au catalysts：High activity and durability [J]. Chemical Engineering Journal，2012，187：232-238.

[36] 陈鸿雁，纪红兵，王乐夫. 天然苯甲醛的合成方法的研究进展 [J]. 精细化工，2010，27（6）：579-583，592.

[37] 韩明恩. 肉桂醛水解制苯甲醛反应精馏新工艺的基础研究 [D]. 天津：天津大学，2014.

[38] 李洪，高鑫，李鑫钢，等. 高纯天然苯甲醛的催化反应精馏生产方法及装置：CN102766029A [P]. 2012-11-07.

[39] 于振云. 苯甲醛及其衍生物的合成及应用 [J]. 化工中间体, 2003, (4): 10-11, 15.

[40] Bhatia S P, Wellington G A, Cocchiara J, et al. Fragrance material review on 3-phenyl-1-propanol [J]. Food and Chemical Toxicology, 2011, 49 (S): S246-S251.

[41] Li Y, Lai G H, Zhou R X. Carbon nanotubes supported Pt-Ni catalysts and their properties for the liquid phase hydrogenation of cinnamaldehyde to hydrocinnamaldehyde [J]. Applied Surface Science, 2007, 253 (11): 4978-4984.

[42] Wang X, Liang X, Geng P, et al. Recent advances in selective hydrogenation of cinnamaldehyde over supported metal-based catalysts [J]. ACS Catalysis, 2020, 10 (4): 2395-2412.

[43] Chang S, Meng S, Fu X, et al. Hydrogenation of cinnamaldehyde to hydrocinnamyl alcohol on Pt/graphite catalyst [J]. ChemistrySelect, 2019, 4 (7): 2018-2023.

[44] Yang C, Bai S, Feng Y, et al. An on-demand, selective hydrogenation catalysis over Pt-Fe nanocatalysts under ambient condition [J]. ChemCatChem, 2019, 11 (9): 2265-2269.

[45] Wei S P, Zhao Y T, Fan G L, et al. Structure-dependent selective hydrogenation of cinnamaldehyde over high-surface-area CeO_2-ZrO_2 composites supported Pt nanoparticles [J]. Chemical Engineering Journal, 2017, 322: 234-245.

[46] Sreenavya A, Mallannavar C N, Sakthivel A. Functional group hydrogenation of cinnamaldehyde to hydrocinnamyl alcohol over nickel-ruthenium containing hydrotalcite [J]. Materials Today: Proceedings, 2021, 46: 3152-3157.

[47] MONTEIRO Á B, de Andrade H H N, Felipe C F B, et al. Pharmacological studies on cinnamic alcohol and its derivatives [J]. Revista Brasileira de Farmacognosia, 2021, 31 (1): 16-23.

[48] Ooi L S M, Li Y, Kam S, et al. Antimicrobial activities of cinnamon oil and cinnamaldehyde from the Chinese medicinal herb Cinnamomum cassia Blume [J]. The American Journal of Chinese Medicine, 2006, 34 (3): 511.

[49] Cadby P A, Troy W R, Vey M G H. Consumer exposure to fragrance ingredients: providing estimates for safety evaluation [J]. Regulatory Toxicology and Pharmacology, 2002, 36 (3): 246-252.

[50] Edreva A. The importance of non-photosynthetic pigments and cinnamic acid derivatives in photoprotection [J]. Agriculture, Ecosystems and Environment, 2005, 106 (2-3): 135-146.

[51] Hoskins J A. The occurrence, metabolism and toxicity of cinnamic acid and related compounds [J]. Journal of Applied Toxicology, 1984, 4 (6): 283-292.

[52] Chiriac C I, Tanasa F, Onciu M. A novel approach in cinnamic acid synthesis: direct synthesis of cinnamic acids from aromatic aldehydes and aliphatic carboxylic acids in the presence of boron tribromide [J]. Molecules, 2005, 10 (2): 481-487.

[53] Liu L, Hudgins W R, Shack S, et al. Cinnamic acid: a natural product with potential use in cancer intervention [J]. International Journal of Cancer, 1995, 62 (3): 345-350.

[54] 叶思, 叶传发, 朱如慧. 肉桂醛催化氧化制备肉桂酸的工业化合成新工艺: CN102826992B [P]. 2015-09-02.

[55] 胡泉源, 刘昌盛. 一种由肉桂醛制备肉桂酸的新型酶催化方法及应用: CN111733192B [P]. 2021-12-03.

[56] Song F, Li H, Sun J, et al. Protective effects of cinnamic acid and cinnamic aldehyde on isoproterenol-induced acute myocardial ischemia in rats [J]. Journal of Ethnopharmacology, 2013, 150 (1): 125-130.

[57] 林兴军, 周海生, 邹华松, 等. 广东省肉桂产业调研报告 [J]. 热带农业科学, 2016, 36 (1): 80-84.

[58] 邹志平, 刘六军, 陆钊华. 中国肉桂油产业现状、问题与对策 [J]. 生物质化学工程, 2018, 52 (5): 62-66.

[59] 梁晓静, 安家成, 黎贵卿, 等. 肉桂特色资源加工利用产业发展现状 [J]. 生物质化学工程, 2020, 54 (6): 18-24.

第5章

合成氨典型的生产工艺

中国人口众多，粮食生产不但是农业生产的重要组成，而且还是维持国家和社会稳定发展的基石，因此稳中有升地增加粮食产量是基本手段。根据目前我国农业用地的发展现状，虽然还有很多土地可以开垦，但是开垦难度和投入成本较高，使得通过扩大耕地面积来增加粮食产量的方式难以为继，这就决定了中国粮食增产必须走提高单位面积产量的途径。而施肥是提高土壤肥力、实现粮食产量提升的最主要手段，根据联合国粮食及农业组织（FAO）的统计，化肥在对农作物增产的总份额中约占 $40\%\sim60\%$。中国能以占世界 7% 的耕地养活占世界 22% 的人口，化肥起到举足轻重的作用[1]。

在所有化肥产品中，氮肥因需求量大而成为目前化肥市场的主导产品，氨是氮肥合成的主要原料来源[2]，如何控制氨的生产成本是降低氮肥价格的重要手段，本章节重点讨论合成氨的生产工艺。

5.1 合成氨的概述

5.1.1 氨的定义及发现

5.1.1.1 氨的定义

氨（ammonia），或称氨气，是由氮和氢原子组成的化合物，分子式为 NH_3，是一种无色气体，有强烈的刺激气味。氨是制造硝酸、化肥、炸药的重要原料。氨对地球上的生物相当重要，是所有食物和肥料的重要成分。氨分子由于与水分子极性接近，能与水分子间形成氢键，使氨极易溶于水，常温常压下 1 体积水可溶解 700 体积的氨。同时，由于氨气在液态变气态的减压过程中会吸收周围的热，因此可作为工业上常用的制冷剂。

5.1.1.2 氨的发现

英国化学家哈尔斯（Hales，1677—1761）将氯化铵和石灰石在曲颈瓶中混合加热时发现，瓶口外的水会产生倒吸现象而未见有气体放出，这是人类第一次通过化学方法在实验室中制得氨气。英国化学家普利斯特里（Joseph Priestley，1733—1804）在重做该实验的时候采用汞代替水来密闭曲颈瓶，从而得到了氨气，并且通过电火花实验，确定了氨气由氮气和氢气两种化合物组成。

5.1.2 合成氨的重要性及其工业的发展

5.1.2.1 合成氨的重要性

在 19 世纪以前，农业生产所需氮肥的来源主要是有机物的副产物和动植物的废物，如粪便、农作物废弃物、屠宰后的腐烂动物等。虽然天然矿物硝石中也含有铵盐，但由于地壳中硝石储量小且生产的产量也很有限，从硝石中提取的氨都作为炸药的原料主要用于军事用途。随着农业的发展和军工生产的需要，人们迫切需要开展规模巨大的探索性研究来得到氨的新合成途径。特别是在 19 世纪，西方工业化进程加快后，西方世界人口也在迅速增加，而肥料来源的限制导致粮食产量增长缓慢，人口增长与粮食短缺的问题日益突出，因此当时的科学家们开始思考是否能把空气中大量的氮气固定下来，于是开始设计以氮和氢为原料合成氨的生产流程。

5.1.2.2 合成氨工业的发展

1901 年法国化学家勒夏特列（Le Chatelier，1850—1936）发现在高压、高温和有催化剂的条件下，氢气和氮气可以直接合成氨气，但是由于他所用的氢气和氮气的混合物中混进了空气，导致在实验过程中发生了爆炸，致使实验最终失败。德国化学家能斯特（Nernst，1864—1941）也在同一时间开展氮气、氢气、氨气反应体系的理论研究，但是他引用了一个错误的热力学数据，导致认为该反应从热力学角度不可能发生，从而放弃了研究。

虽然在合成氨的研究中化学家遇到的困难不少，但是德国物理学家、化工专家哈伯（Haber，1868—1934）和他的学生勒·罗塞格诺尔（Le Rossignol）仍然坚持对其进行系统的研究。他们通过理论计算，发现让氢气和氮气在 600℃ 和 200atm 下进行反应，大约可以实现 8% 的氨气转化率。为了印证该假设，他们合成了几百种催化剂，最终发现以锇和铀作为催化剂时，在 175～200atm 和 500～600℃ 的条件下，氮气、氢气反应的氨气转化率高于 6%。同时，为了解决氨转化率过低的问题，他们尝试通过氨合成循环反应和冷凝分离液氨的方式，实现合成氨工艺的研发突破。随后，他们将取得的成果转让给德国巴斯夫公司（BASF），该公司的化学工程专家博施（Bosch C.，1874—1940）用了 5 年的时间重新筛选了廉价催化剂以代替价格昂贵的锇和铀，并完善了氨合成塔的设备以及氢、氮气体的提纯工艺，最终成功设计出能长期使用的合成氨操作装置。在 1910 年，德国巴斯夫公司建立了世界上第一座合成氨试验装置，并在 1913 年建立了大工业规模的合成氨工厂。从此，氨的合成开始了真正的工业化大规模生产，并改变了全世界的农业生产和军事发展进程，哈伯和博施也因为在合成氨反应和工业化装置研发的突出成绩，在 1918 年、1931 年分别获得诺贝尔化学奖，表彰其对合成氨工业发展的贡献[3]。

5.1.3 中国合成氨工业的发展史

1949 年新中国成立前，全国仅在南京和大连有两家合成氨厂，以及在上海有一个以水电解制氢为原料的小型合成氨车间。20 世纪 50 年代，我国引进苏联技术在吉林、兰州、太原和四川又新建了 4 个小型合成氨厂，之后在试制高压往复式压缩机和合成塔成功的基础上，20 世纪 60 年代在云南、上海、广州等地又先后建设了 20 多座中型合成氨厂。20 世纪 70 年代，中国的化学工程师结合国外经验，完成"三触媒"净化流程（氧化锌脱硫、低温变换及甲烷化）和合成氨联产碳酸氢铵新工艺，开始兴建大型合成氨厂。到 20 世纪 80 年代，我国引进西方先进技术，开始开展以天然气、石脑油、重油和煤为原料的新型大型合成氨厂建设。目前，我国氨的合成产量已居世界第一，在满足自己农业和工业需求外，还可以大量出口来创造外汇。

广西地处亚热带，温暖潮湿的气候使得广西具有丰富的动植物资源，但是广西的化石能源储量极少，是一个典型的缺煤少油无气的省份，而合成氨工业的发展离不开化石原料，因此广西就开辟出一条利用邻省煤炭资源发展本地区合成氨工业的道路。下面对广西主要的合成氨生产企业作简单介绍。

5.1.3.1 柳州化学工业集团有限公司

柳州化学工业集团有限公司起源于 1967 年建成的柳州化肥厂，在 1997 年更名为柳州化学工业集团有限公司。该公司合成氨生产以煤为原料，前后经过四次较大规模的挖潜技术改造，氨年产能由 4.5 万吨发展到 21 万吨，各类产品年产量合计超过 50 万吨。其主要产品有：尿素、硝酸铵、多孔粒状硝酸铵、液氨、纯碱、氯化铵、碳酸氢铵、硫酸钾、盐酸、生物钾肥、浓硝酸、硝酸钠、亚硝酸钠、甲醇、甲醛、液体二氧化碳、复混肥、硫黄等。该公司是中国华南地区最大、品种最齐全、经济技术实力最雄厚的现代化工及化肥生产基地。

5.1.3.2 广西河池化学工业集团有限公司

广西河池化学工业集团有限公司是广西 50 强和中国化工 500 强、中国化肥 100 强企业，隶属中国化工集团。广西河池化学工业集团有限公司的前身为广西河池氮肥厂，始建于 1969 年，1993 年改制成立广西河池化学工业集团公司。该公司合成氨生产以煤为原料，氨年产能为 16 万吨，尿素年产能为 26 万吨，形成了以尿素、高浓度复合肥、水泥为主，以汽机发电、塑料编织袋、液体二氧化碳、硫黄为辅的产品体系。

5.2 合成气的制备

氨的合成需要氢气和氮气。其中，氮气来自丰富而廉价的空气，而氢气则主要通过含碳燃料与水蒸气的反应获得，含碳燃料包括天然气（油田气）、炼厂气、焦炉煤气、石脑油、重油、焦炭和煤等，其中以天然气转化最易，烟煤转化最难。

5.2.1 合成氨生产总流程

制取氨合成气原料的关键是合成氢气,在煤和天然气通过反应制取含氢气的合成气后,需要对合成气进行净化,净化过程主要包括脱硫、一氧化碳变换和二氧化碳脱除等工段,具体流程示意图如图 5-1 所示。

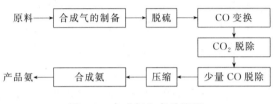

图 5-1 合成氨生产总流程

5.2.1.1 以煤为原料的制氨流程

煤是由远古时代植物残骸在适宜的地质环境下,经过漫长岁月的天然煤化作用形成的生物岩石。煤主要由碳、氢、氧、氮、硫和磷等元素组成,其中碳、氢、氧三者总和占有机质的 95% 以上。煤是非常重要的能源产品,也是冶金、化学工业的重要原料。按照组成不同,煤被分为褐煤、烟煤、无烟煤、半无烟煤等。

以煤为原料的制氨流程如图 5-2 所示。由于以煤为原料的造气过程为自发性燃烧过程,是不需要催化剂的,所以净化脱硫工段是在造气后进行的。

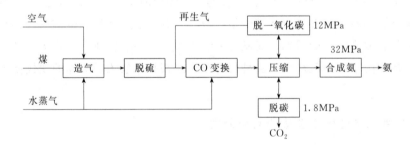

图 5-2 以煤为原料的制氨总流程

5.2.1.2 以天然气为原料的制氨流程

天然气是指自然界中天然存在的一切气体,包括大气圈、水圈和岩石圈中各种自然过程形成的气体(如油田气、气田气、泥火山气、煤层气和生物气等)。我国天然气主要分布在陕西、甘肃、宁夏、新疆、四川东部等地区。本章节所讲述的天然气是指气田气,它是一种优良的氨合成原料,具有价廉、清洁、环境友好等特点,其中 CH_4 含量 $>90\%$,此外还含有乙烷、丙烷及少量氮、硫等气体。

以天然气为原料的制氨流程如图 5-3 所示。由于以天然气为原料的造气反应需要催化剂,所以在造气时需要先净化脱硫,采用催化加氢的方式脱除天然气中的硫化物。

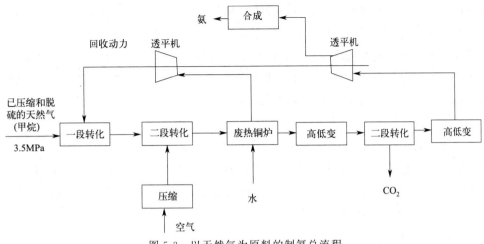

图 5-3　以天然气为原料的制氨总流程

5.2.2　煤法制合成气

煤在我国储量巨大，是我国目前最主要的化石燃料，以煤为原料制备合成氨是我国实现氨合成独立自主的主要途径，也是未来在合成氨工业中替代天然气和石油原料所必须采取的制气方法。但是煤中除了含有碳元素外，还含有大量的氧、氢、氮、硫、磷等元素，其组分复杂性远高于天然气和石油，这使得在以煤为原料的制气过程中会产生大量杂质，不但增大了后期净化的难度和成本，而且如果处理不当还会导致环境污染及资源浪费。同时，在以煤为原料的制气过程中，煤的采购成本占到整个氨生产工艺成本的 40%～50%，因此如何提高煤的利用率也是目前煤法制合成气的主要研究热点[4]。

5.2.2.1　煤法制合成气的原理

煤法制合成气是以煤为原料，通过氧气燃烧释放大量热量，再加入水蒸气 H_2O 作为气化剂，利用高温下煤中碳元素的强还原性夺取 H_2O 中的 O 原子，从而生成 CO 和 H_2 的过程，其主要反应方程式如式(5-1)～式(5-3) 所示。

$$C + H_2O(g) \rightleftharpoons CO + H_2 \qquad \Delta H^{\ominus}_{298} = 131.190 \text{kJ/mol} \qquad (5\text{-}1)$$

$$CO + H_2O(g) \rightleftharpoons CO_2 + H_2 \qquad \Delta H^{\ominus}_{298} = -41.194 \text{kJ/mol} \qquad (5\text{-}2)$$

$$C + 2H_2 \rightleftharpoons CH_4 \qquad \Delta H^{\ominus}_{298} = -74.898 \text{kJ/mol} \qquad (5\text{-}3)$$

煤法制合成气的主要反应都为可逆反应，其中式(5-1) 是其最主要发生的反应，该反应为强吸热反应且反应总体积增大；式(5-2) 和式(5-3) 都是放热反应，但式(5-2) 反应前后体积无变化而式(5-3) 反应的总体积减小。

5.2.2.2　煤法制合成气的工艺条件

（1）温度

由于煤法制合成气发生的反应都为可逆反应，即反应存在平衡转化的问题。从热力学分析可知，由于式(5-1) 是强吸热反应，所以升温有利于提高反应速率。同时，从动力学角度分析可知，高温也有利于提高反应速率。但是气化过程总速率取决于其中最慢的一步反应，即速率控制步骤反应，只有提高控制步骤的反应速率，才能有效提高总反应速率。因此，对于煤法制合成气的反应来说，反应温度较低（<900℃）时通常处于动力学控制区，而温度进一步升高后，升温对反应速率的加快将不再明显，之后气化过程进入内、外扩散控制区，应当适当减少煤颗粒度和提高气流速度。

（2）压力

煤法制合成气的主反应是体积增大反应，而最主要的副反应（CH_4 生成反应）是体积减小反应，因此降低压力有利于提高 CO 和 H_2 的平衡浓度。但是，反应中加压有利于提高反应速率并减小气化炉的反应体积，因此目前常都在 2.5～3.2MPa 下进行气化反应，而该条件下 CH_4 含量会比常压略高。

（3）水蒸气和氧气比例

氧的作用是与煤燃烧放热，为水蒸气与煤反应提供所需要的热量，同时保证气化炉的温度在反应温度范围内。在煤法制合成气的反应过程中，水蒸气的加入量增多，会导致水蒸气与煤反应吸收更多热量而使得反应体系温度下降。同样，如果氧气的浓度增加则会导致氧与煤燃烧放热过多，使得反应体系温度上升，所以水蒸气和氧气的比例对温度和煤气组成都有影响。水蒸气和氧气的具体比值要视采用的煤气化生产方法和气体组成来定。

（4）煤种类和加工方式

煤的种类和加工方式对煤法制合成气影响巨大，不同种类煤的燃烧热值、黏结性、稳定性和杂质含量差异巨大，而且不同的煤前处理方式也会对其机械强度、颗粒大小产生显著影响，这些都会影响煤的气化工艺，导致气化炉指标下降和后续净化处理难度增加。

5.2.2.3 煤法制合成气的反应器类型

煤法制合成气的反应器随着煤气化技术的进步，分为移动床（固定床）、流化床、气流床和熔融床（熔浴床）共四代反应炉。移动床（固定床）煤气化反应炉是 20 世纪 20 年代随着合成氨工业化发展而诞生的第一代反应炉，气体在反应炉内是常压反应；流化床煤气化反应炉是 20 世纪 30 年代到 50 年代逐步研发并大规模使用的第二代反应炉，该类反应炉通过连续化操作可以实现反应的加压操作，具有代表性的反应炉包括鲁奇气化炉、K-T 气化炉和温克勒流化床气化炉；气流床煤气化反应炉是开发于 20 世纪 60 年代，并在 20 世纪 80 年代开始逐步实现工业化的第三代反应炉，典型代表包括德士古气化炉、熔渣鲁奇炉等；熔融床（熔浴床）煤气化反应炉是一款目前还处于中试阶段的新型反应炉。

基于氧气燃烧放热反应和提供水蒸气分解所需热量的方式不同，还可以将反应器分为间歇气化法和连续气化法两种类型。间歇气化法是交替用空气和水蒸气为气化剂的方法，而连续气化法是同时用氧和水蒸气为气化剂的方法。间歇气化法使用至今已有悠久的历史，其缺点是生产必须间歇操作。以氧和水蒸气为气化剂同时反应生产合成气是当前的发展趋势，后文中介绍的工业化的合成气气化方法和正在开发的第二代合成气气化方法大多是以氧和水蒸气同时为气化剂的连续气化法。

（1）间歇气化法

间歇气化法交替用空气和水蒸气为气化剂，以间歇式移动床制气法为例，操作过程主要分为吹风（蓄热）、水蒸气吹净（制气）两个阶段，实际生产时按以下 6 个步骤循环操作。

① 吹风阶段。吹入空气，使部分煤燃烧，提高燃料层温度，废气经回收热量后放空，此时炉体燃料层的温度可达 1200℃。

② 水蒸气吹净阶段。由炉底吹入水蒸气，置换炉上部及管道中残存的吹风废气，以保证水煤气质量。

③ 一次上吹制气阶段。由炉底吹入水蒸气，利用炉内积蓄的能量制取水煤气，此时燃料层下部温度下降。

④ 下吹制气阶段。上吹制气后，床层下部温度下移、气化层温度上移，为了充分利用原料层上部蓄热，用水蒸气由炉上方向下吹，制备水煤气。

⑤ 二次上吹制气阶段。此步将炉底部残存的下吹煤气排净，为吸入空气做准备。

⑥ 空气吹净阶段。由炉底吹入空气，把残留在炉内及管道中的水煤气进行回收。

间歇式移动床制气法的优点是利用空气中的氧气燃烧放热，不需要空分装置，投资和运行成本较低，缺点是工艺过程中非制气时间较长导致生产强度低，而且阀门开关频繁容易损坏，影响生产连续性。

（2）连续气化法

连续气化法是目前使用最广泛的合成气制备方法，从第一代反应炉到第三代反应炉都有被使用。接下来以第一代连续式固定床气化炉即鲁奇气化炉和第三代连续式气流床气化炉即德士古气化炉为例进行介绍。

① 鲁奇气化炉。鲁奇气化炉是德国鲁奇公司于 1930 年开发的第一代气化炉，其技术成熟可靠并通过技术革新，目前依然在很多中型合成氨厂中使用。鲁奇气化炉所用的燃料为块状煤或焦炭，通过导入炉顶煤斗，定时加入炉体内；气化剂为水蒸气和纯氧的混合物，其中纯氧来自空分车间，与水蒸气混合后通过鼓风机从炉体下部进入，并经气体分布器均匀分布在炉体内。在气化炉中同时进行碳与氧的燃烧放热反应和碳与水蒸气的气化吸热反应，反应后剩余的炉渣通过灰斗排出炉体。鲁奇气化炉通过调节 H_2O 与 O_2 比例来控制炉中温度，因反应体系内不存在 N_2，所以不需要排空，可以连续制气；一般都为加压操作（3.0MPa），生产强度较高且稳定。但是此反应炉内氧气含量和反应温度都较高，由式(5-2) 和式(5-3) 可知出口煤气中的甲烷和二氧化碳含量较高。

② 德士古气化炉。德士古气化炉是一种以水煤气为进料的加压气流床气化炉。德士古气化炉是由美国德士古公司在 1946 年研发成功的，初期主要应用于重油气化，后随着石油价格的上涨，在 20 世纪 80 年代德士古公司通过工艺改造开发出了以煤为原料的德士古气化工艺。该工艺以煤粉为原料，与水混合制成水煤浆，通过液体输送泵由气化炉顶部打入炉体从而实现液态进料。同时，纯氧以亚声速或声速状态也由炉顶的喷嘴与水煤浆一起喷入炉体从而使水煤浆雾化，并在炉体内形成强烈的返混和气化。由于炉内温度高（最高温度为 2000℃）且水煤浆中煤的颗粒细小，因此煤颗粒会在 5～7s 内被燃烧完全，反应非常彻底。反应出口端温度为 1400℃，所以燃烧后的炉渣能以液态出料，从而实现高工作强度的连续循环进料。整个装置的操作压力一般维持在 9.8MPa，是目前国内大型化肥厂使用最多的气化炉。

5.2.2.4 煤法制合成气的初步除尘净化

在煤气化反应炉中反应结束后，出口煤气中除了含有 CO、H_2 以及 CO_2、CH_4、

H$_2$S 和气态烷烃等副反应气体外,还含有焦油蒸气、固体粉尘等杂质。在进入下一工段前,需要对焦油蒸气和固体粉尘进行处理。对于第一代移动床煤气化反应炉,由于所用燃料煤为型煤或块煤,因此燃烧不完全,反应后煤气中固体粉尘和焦油含量高,经常需要设置洗气箱、洗涤塔等二级洗气装置后,再串联静电除尘器去除杂质;而对于现在工业上主流运行的气流床煤气反应炉,由于煤的燃烧非常彻底,反应后煤气中固体粉尘和焦油含量较低,只需要通过一次洗气和静电除尘就可以去除大量杂质。

5.2.3 天然气法制合成气

目前,以天然气为原料的制气技术主要有蒸汽转化法、催化部分氧化法和间歇催化转化法。

(1) 蒸汽转化法

蒸汽转化法分为两段催化转化反应,一段炉在炉外燃烧天然气提供热量,炉内进行水蒸气和天然气的转化反应;二段炉在炉内燃烧天然气提供热量,并加入适量空气后进行水蒸气与天然气的转化反应,从而为合成气提供氮气原料,如式(5-4) 所示。蒸汽转化法投资省、能耗低,是合成氨最经济的方法,目前在国内得到广泛应用。

$$CH_4 + H_2O(g) \Longrightarrow CO + 3H_2 \qquad \Delta H_{298}^{\ominus} = 206 kJ/mol \qquad (5-4)$$

(2) 催化部分氧化法

催化部分氧化法是指在不使用催化剂的情况下,天然气在气化炉内与加入的氧气反应,反应温度控制在 1260～1450℃,生成以 CO 和 H$_2$ 为主的合成气,如式(5-5) 所示。部分氧化是相对于完全氧化而言的,表示氧化不完全,最终产物不是二氧化碳和水。该反应温和,非常适合甲醇和高级醇及烃类等产品的生产。

$$CH_4 + \frac{1}{2}O_2 \Longrightarrow CO + 2H_2 \qquad \Delta H_{298}^{\ominus} = -35.7 kJ/mol \qquad (5-5)$$

(3) 间歇催化转化法

间歇催化转化法将反应生产过程分为吹风和制气两个阶段。在吹风阶段,天然气与空气在燃烧炉内燃烧,生成的烟道气使催化剂达到催化转化反应所需的温度,如式(5-6) 所示。在制气阶段,天然气与蒸汽在催化剂层进行转化反应,制取合成气,如式(5-7) 所示。该法不需要制氧装置,投资省、建厂快,但热利用率低、原料烃消耗高、操作复杂,因而应用受到限制。

$$CH_4 + \frac{3}{2}O_2 \Longrightarrow CO + 2H_2O \qquad \Delta H_{298}^{\ominus} = -519 kJ/mol \qquad (5-6)$$

$$CH_4 + H_2O(g) \Longrightarrow CO + 3H_2 \qquad \Delta H_{298}^{\ominus} = 206 kJ/mol \qquad (5-7)$$

5.2.3.1 天然气蒸汽转化法的原理

由于天然气中甲烷含量最高且最稳定,所以在分析蒸汽转化法的原理时,以甲烷为代表进行分析,其主要发生的反应如式(5-8)～式(5-10) 所示。

$$CH_4 + H_2O(g) \Longrightarrow CO + 3H_2 \qquad \Delta H_{298}^{\ominus} = 206 kJ/mol \qquad (5-8)$$

$$CH_4 + 2H_2O(g) \rightleftharpoons CO_2 + 4H_2 \qquad \Delta H_{298}^{\ominus} = 165 kJ/mol \qquad (5\text{-}9)$$

$$CO + H_2O(g) \rightleftharpoons CO_2 + H_2 \qquad \Delta H_{298}^{\ominus} = -41.2 kJ/mol \qquad (5\text{-}10)$$

式(5-8)是蒸汽转化法的主反应，为 CH_4 与 $H_2O(g)$ 在催化剂的作用下转化生成 CO 和 H_2 的反应，该反应为强吸热反应。同时 CO 和 $H_2O(g)$ 还能继续在催化剂作用下转化生成 CO_2 和 H_2，该反应为放热反应。

蒸汽转化法发生的副反应主要为析碳反应，如式(5-11)～式(5-13) 所示。

$$CH_4 \rightleftharpoons C + 2H_2 \qquad \Delta H_{298}^{\ominus} = 74.9 kJ/mol \qquad (5\text{-}11)$$

$$2CO \rightleftharpoons C + CO_2 \qquad \Delta H_{298}^{\ominus} = -172.5 kJ/mol \qquad (5\text{-}12)$$

$$CO + H_2 \rightleftharpoons C + H_2O \qquad \Delta H_{298}^{\ominus} = -131.4 kJ/mol \qquad (5\text{-}13)$$

在副反应中，式(5-11) 为吸热反应，在反应初期因 CH_4 浓度高而极易发生，是反应初始阶段主要控制的副反应；式(5-12) 和式(5-13) 是放热反应，当 CO 和 H_2 浓度高时极易发生。由于蒸汽转化法需要在有催化剂的条件下才能有效反应，因此若析碳严重，则导致催化剂外表面被析碳严重覆盖，堵塞微孔，降低催化剂活性，CH_4 转化率下降，同时出口煤气中残余 CH_4 增多。此外，析碳严重还会影响传热，使局部反应区产生过热而缩短反应管使用寿命，并导致催化剂内表面碳与水蒸气反应，产生剧烈气化，使催化剂破碎而增大床层阻力，影响生产能力[5]。

5.2.3.2 天然气蒸汽转化法反应平衡的影响因素

由于蒸汽转化法为气、固相催化反应且主、副反应可逆，所以都存在化学反应平衡问题。从主反应 [式(5-8)～式(5-10)] 可知，反应为体积增大的反应，并且是吸热反应，所以影响天然气蒸汽转化法反应平衡的主要因素有温度、压力和水碳比，并可以通过催化剂加快反应。

(1) 温度的影响

CH_4 和 H_2O 反应生成 CO 和 H_2 的反应为强吸热反应，所以高温有利于主反应平衡右移，温度越高，CH_4 平衡浓度越低而 CO 和 H_2 平衡浓度越高。同时高温还可以抑制放热副反应 [式(5-12) 和式(5-13)] 的发生，从而抑制析碳的发生，但是如果反应温度过高，也会导致 CH_4 的快速裂解 [式(5-11)]，从而产生大量析碳，降低反应速率。

(2) 压力的影响

CH_4 和 H_2O 反应生成 CO 和 H_2 的反应为体积增大反应，低压有利于主反应平衡右移，但是低压也有利于体积增大的副反应 [式(5-11)] 的发生。在实际生产中，由于高压会比低压有更好的经济效益，所以常采用加压的方式进行反应。

(3) 水碳比的影响

水碳比是指 H_2O 与 CH_4 用量的比值，水碳比对甲烷转化的影响也非常大。水碳比增加有利于主反应平衡右移，并抑制析碳副反应的发生。在实际生产中经常通过调控水碳比来控制反应温度，但是过高的水碳比也会导致生产中单位产能的下降。

5.2.3.3 天然气蒸汽转化法的催化剂

（1）天然气蒸汽转化法催化剂的种类

甲烷蒸气转化反应的活化能极大，在没有催化剂的情况下反应很慢，只有在 $T>$ 1300℃才能得到满意的反应速率，但此时副反应严重，导致大量 CH_4 裂解析碳，无法进行工业应用，因此必须采用催化剂进行反应。

在催化剂的选择上许多研究都发现，一些贵金属（钯、铂、金等）和镍均对甲烷蒸汽转化具有催化活性，其中镍的价格最低并且具有较高的活性，因此工业上一直采用金属镍作为甲烷蒸汽转化催化剂，同时添加一些助催化剂（铝、镁、钾、钙、钛等的金属氧化物）以提高催化剂活性，并改善其机械强度、活性位点分散性以及抗碳、抗烧结、抗水合等性能。甲烷蒸汽转化反应是典型的气-固相催化反应，CH_4 与 H_2O 的反应是在固体催化剂活性表面上进行的，所以镍催化剂应该具有较大的表面积。

（2）天然气蒸汽转化法催化剂的制备方法

最利于工业上大规模制备高镍表面的方法是采用大比表面的载体来支撑分散活性组分，并通过载体与活性组分间的强相互作用，而使镍晶体不易烧结，从而实现金属镍的高比表面稳定分散。而且，为了保持催化剂在储存、运输、装卸和使用过程中的结构稳定性，还需要催化剂载体具有足够的机械强度。目前，工业上常用的甲烷蒸汽转化催化剂载体为高温烧结 $\alpha\text{-}Al_2O_3/MgAl_2O_4$ 尖晶石或硅铝酸钙水泥。前者是以高温烧结 $\alpha\text{-}Al_2O_3$ 或 $MgAl_2O_4$ 为载体，用浸渍法将含有镍盐和促进剂的溶液负载到预先成型的载体上，再加热分解和煅烧，制备的催化剂称为负载型催化剂。负载型催化剂的活性组分主要集中在载体的表面，但整个催化剂中活性成分含量较低，只有约 $10\%\sim15\%$（以 NiO 计）。后者是以硅铝酸钙水泥作为黏结剂，用混合法与含有催化活性组分的细晶混合均匀、固化而成。因活性组分分散到水泥中，而不仅仅集中在表层，所以镍含量相对较高，约为 $20\%\sim$ 30%（以 NiO 计）。

（3）天然气蒸汽转化法催化剂活性下降的原因和失活标准

引起甲烷蒸气转化催化剂活性下降的主要因素有以下三种。一是析碳导致催化剂孔道被堵塞，从而破坏催化剂孔道结构，使催化剂失活；二是催化剂长期在高温和气流环境中，催化剂中的镍晶粒易于烧结聚集，从而导致比表面降低或者活性组分流失，使催化剂失活；三是催化剂会与 As、Cu、Pb 和卤素等反应导致催化剂永久性中毒，以及催化剂会与硫化物反应引起催化剂暂时性中毒，使催化剂失活。

判断催化剂失活的标准主要有以下三种：①反应出口气体的 CH_4 含量异常升高；②反应炉出现局部过热的"红管"现象；③反应出口处的实际温度与出口气体实际组成对应的平衡温度之差显著增大。当出现这三种情况时，认为可能存在催化剂失活情况。

5.2.3.4 天然气蒸汽转化法反应炉的特点

析碳反应是天然气蒸汽转化法的主要副反应，特别是由于反应进口气中 CH_4 含量高，在反应初期 CH_4 裂解反应会显著发生，对反应炉和催化剂产生严重破坏。因此为了尽量避免天然气蒸汽转化反应初期的严重析碳问题，在反应炉设计上常采用两段方式进行反应。一段炉采用管外供热方式，管外通过 CH_4 与空气燃烧调控反应炉的温度（500～800℃），通过控制反应温度抑制 CH_4 裂解析碳反应的发生；管内将 CH_4 和 H_2O 通入催化剂床层进行转化反应。为了抑制析碳反应，一段炉的温度低，导致 CH_4 转化率偏低，而且反应进口气中没有氮气，无法满足氨合成对氮气的需求，这使得此时一段炉出口气的组成（体积分数）为 CH_4 占 10%、CO 占 10%、CO_2 占 20%、H_2 占 69%、N_2 占 1%，无法达到合成气的要求，因此需要进行二段反应。二段炉采用的是绝热式固定床反应器，在二段，进口气进入反应炉之前先与预热空气混合，利用空气中的 O_2 与进口气中的 H_2 和 CH_4 燃烧放热提高反应炉温度（1100℃），从而实现 CH_4 的高效转化。同时，空气中剩余的氮气还可以作为合成气的原料继续使用。经过两段炉的反应后，出口气中 CH_4 的含量 ≤ 0.3%，且（H_2＋CO）与 N_2 的含量比约为 2.8～3.1，适合作为合成气使用。同时目前合成气工业使用的耐热合金钢 HK-40 的工作温度不能超过 900℃，如果想在一段炉实现 CH_4 转化率 ≤ 0.3%，则需要反应温度超过 1000℃，但一段炉的炉体无法耐受，因此需要通过二段炉完成 CH_4 的转化。

5.2.3.5　天然气蒸汽转化法的工艺条件

（1）反应压力

从热力学角度分析天然气蒸汽转化法的主反应可知，低压有利于平衡右移，但是在实际生产中采用适当高压（3.0MPa）进行反应，主要是因为加压有利于气体传热，反应物受热均匀，从而提高设备生产强度。同时，压力增大后气体体积显著减小，这不但减少了压缩原料气的动力消耗，而且因设备和管路占地小，减少了运行和投资成本。

（2）反应温度

由于要实现 CH_4 转化率 ≤ 0.3% 需要反应温度超过 1000℃，因此天然气蒸汽转化反应要通过两段炉实现。

对于一段反应炉来说，由于在反应初期需要抑制 CH_4 的裂解，所以反应炉为变温反应炉，反应温度从入口的 500℃ 升温到 800℃。在入口端时 CH_4 含量最高，此处主要是抑制 CH_4 裂解析碳反应的发生，因此反应温度控制在 ≤ 500℃，此时转化反应速率尚可，不会析碳。在入口端 1/3 处时，反应温度升温到 ≤ 650℃，此时在高活性催化剂条件下大量 CH_4 被转化。在入口端 2/3 处时，反应温度 > 650℃，生成的 H_2 显著增多，显著抑制了析碳的发生。在出口端时，反应温度为 800℃，此时的甲烷残余量 ≤ 10%。

对于二段反应炉来说，主要目的是实现 CH_4 的高效转化，选择的反应炉为绝热式固定床反应器，初始反应温度为 1100℃，由于反应炉只是在炉体前段燃烧放热，而天然气蒸汽转化法主反应为吸热反应，所以经过催化剂床层后反应温度会下降到 1000℃，此时的 CH_4 残余量 ≤ 0.3%。

（3）水碳比

高水碳比可以抑制析碳反应发生，并降低 CH_4 平衡含量，实现平衡右移，有利于提高 CH_4 转化率，但水碳比太高不仅会导致气体组成中 CH_4 含量偏低，单位产能下降，而且还会导致热负荷增加，因此水碳比太高在经济上并不划算。目前工业上水碳比经常控制在 2.5～3.0 之间。

（4）气流速度

气体在反应炉中的流速越高，相对应的生产能力越强，而且流速高也有利于气体传热并降低炉管外壁温度，从而延长炉管寿命。但同时，气流速度也不能过高，否则会导致床层阻力增大从而增加能耗。工业上的气流速度一般控制在每立方米催化剂每小时通过 $1000\sim2000m^3$ 的 CH_4 作为标准。

5.2.3.6　天然气蒸汽转化法的工艺流程

图 5-4 为大型合成氨厂天然气蒸气转化法的工艺流程。首先是将原料天然气压缩到 3.6MPa，并配一定 H_2 和 N_2 运输到一段炉的对流段预热到 $380\sim400℃$，然后进入钴钼加氢反应器，使有机硫转化为硫化氢，再用氧化锌脱硫罐脱出硫化氢，此时硫化物含量 < $0.5mg/m^3$。脱硫后的天然气与水蒸气混合，进入对流段加热到 $500\sim520℃$ 进入一段炉，自上而下通过炉内催化剂层进行转化反应，反应管底部的出口气温度为 $800\sim820℃$，甲烷含量为 10%。一段转化反应气由炉顶送往二段转化炉，在二段炉炉口引入 450℃ 的空气，与一段转化气中生成的 H_2 和反应后剩余的 CH_4 发生燃烧反应，使温度升高到 1100℃，再进二段炉的催化剂床层进行转化反应，出口温度为 1000℃，压力为 3MPa，CH_4 含量为 0.3%，$(H_2+CO)/N_2$ 的含量比 $\approx2.8\sim3.1$，达到合成气标准[6]。

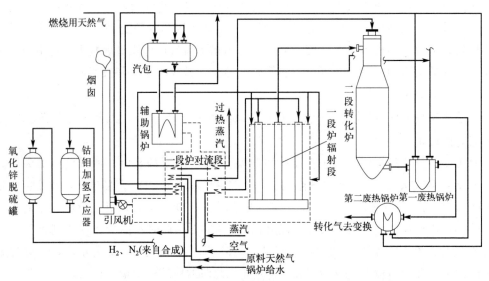

图 5-4　大型合成氨厂天然气蒸汽转化法的工艺流程

5.2.3.7　天然气蒸汽转化法的主要设备

（1）一段炉主要设备

一段炉装置如图 5-5 所示，其主要设备为辐射段和对流段装置，辐射段内含转化炉管，转化炉管是由 25% 铬和 20% 镍组成的高合金不锈钢管，具有耐高温、高压、气体腐蚀等特性，长度约为 $10\sim12m$，直径为 $70\sim120mm$。一般辐射段包含 $300\sim400$ 根转化炉管，合成气和蒸汽在转化管内发生反应，管外由燃料燃烧提供热量。同时加热辐射段内还有集气管、上升管和集气总管，用于反应后气体的收集。对流段主要是对一段炉反应后的燃烧供热残余气进行降温，同时对燃料气、合成气、混合原料天然气、空气-蒸汽混合气和锅炉给水进行预热，降温后的燃烧残余气再通过环保处理后经风机和烟囱进行排放。

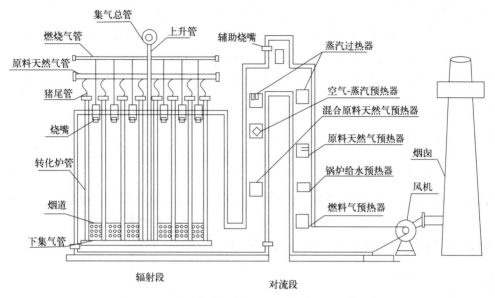

图 5-5　天然气蒸汽转化法一段炉主要设备图

（2）二段炉主要设备

二段炉装置如图 5-6 所示，其主要设备为绝热式固定床反应器，该反应器为立式圆筒，内径约 3m、高约 13m，壳体内衬有不含硅的耐火材料，用以降低炉壳温度，所以壳体材质选择普通碳钢即可，壳体主要用来承压，因此不需耐高温。

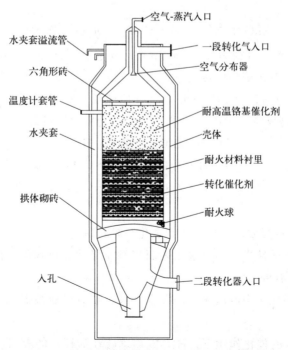

图 5-6　天然气蒸汽转化法二段炉主要设备图

5.3 合成气的净化

合成气以化石燃料作为原料，由于化石燃料中都含有一定量的硫，因此在合成气的制备过程中会不可避免地产生硫化物，而且合成气制备过程都会生成 CO、CO_2 等副产物，这些气体是后续氨合成催化剂的毒物，必须清除，同时通过回收各种副产物还可以创造经济价值，所以要对合成气进行净化。

5.3.1 合成气中硫化物的脱除与回收

合成气中的硫化物主要是无机硫化物 H_2S，其次还有 CS_2、COS、RSH 和噻吩等有机硫，这些硫化物的含量主要取决于原料的含硫量及加工方法。以煤为原料时，合成气中 H_2S 含量一般为 $2\sim3g/m^3$，有的高达 $20\sim30g/m^3$。H_2S 在氨合成过程中的存在会导致催化剂的永久性中毒并腐蚀设备，因此必须脱除。

5.3.1.1 干法脱硫

5.3.1.1.1 干法脱硫的方法

干法脱硫是指采用固体吸收剂或吸附剂来脱除 H_2S 或有机硫的方法，该法分为吸附法（物理/化学）、催化转化法。吸附法采用对硫化物有强烈吸附能力的固体来脱硫，常用吸附剂是氧化锌、活性炭、氧化铁、分子筛等；而催化转化法利用催化转化反应将有机硫转化成 H_2S，再用其他脱硫剂将其脱除，常用的加氢转化催化剂是钴钼或镍钼催化剂。

（1）氧化锌法

氧化锌脱硫剂是在 ZnO 中添加 CuO、MnO_2、MgO 等作为促进剂，并以矾土水泥作为黏结剂而制成的球形（直径为 $3.5\sim4.5mm$）或条形（$4mm\times4mm\times10mm$）的颗粒。该脱硫剂能与 H_2S 和有机硫醇直接反应［式(5-14)～式(5-16)］，但不能直接脱除硫醚、噻吩等有机硫。由于反应产物 ZnS 难以解离，脱硫反应接近不可逆，所以脱硫非常彻底（$<1.0mg/m^3$），但是反应后 ZnO 无法再生，只适合脱除微量硫。

$$H_2S+ZnO \Longrightarrow ZnS+H_2O \tag{5-14}$$

$$C_2H_5SH+ZnO \Longrightarrow ZnS+C_2H_4+H_2O \tag{5-15}$$

$$C_2H_5SH+ZnO \Longrightarrow ZnS+C_2H_5OH \tag{5-16}$$

（2）活性炭法

活性炭脱硫剂通过吸附法、催化法和氧化法脱除硫化物。

① 吸附法。利用活性炭的高疏水比表面积对非极性硫化物吸附能力强的特点进行吸附，对脱除噻吩最为有效。

② 催化法。在活性炭中浸渍铜、铁等重金属，使有机硫被催化成 H_2S，再被活性炭吸附。

③ 氧化法。在氨的催化作用下，H_2S 或羰基硫在活性炭的表面进行氧化反应［式(5-17)～式(5-18)］，生成的单质硫再被活性炭吸附。吸附后的单质硫还可以通过过硫化铵法或

过热蒸汽法进行再生。该方法由于处理量大且利于再生，成为目前较为广泛使用的方法。

$$2H_2S(g)+O_2 \Longrightarrow 2S(s)+2H_2O \tag{5-17}$$

$$2COS(g)+O_2 \Longrightarrow 2S(s)+2CO \tag{5-18}$$

（3）氧化铁法

氧化铁脱硫是一种传统的脱硫方法，近年来做了大量的工艺改进，脱硫温度有常温、中温和高温。氧化铁吸收 H_2S 后生成 FeS，再生时用氧化法使 FeS 转化为氧化铁和硫单质或二氧化硫。

（4）催化转化法

合成气硫化物中有机硫的化学活性远低于 H_2S，这使得通过化学吸附为主要手段吸附 H_2S 的吸附剂对有机硫的吸附能力差。无机硫主要以物理吸附为主要手段进行吸附，但是由于吸附剂吸附容量和选择性差，应用效果不显著。为了高效去除合成气中的有机硫，工业上常采用将有机硫催化转化成 H_2S 后再脱硫的方法，即使用加氢转化催化剂将有机硫化物氢解生成易于脱除的 H_2S，再用其他无机硫脱除方法脱除。有机硫的氢解反应实例如式(5-19)～式(5-21) 所示。

$$COS+H_2 \Longrightarrow CO+H_2S \tag{5-19}$$

$$C_2H_5SH+H_2 \Longrightarrow C_2H_6+H_2S \tag{5-20}$$

$$C_2H_5SC_2H_5+2H_2 \Longrightarrow 2C_2H_6+H_2S \tag{5-21}$$

上述反应都为可逆反应，常温下反应极慢，在有催化剂和高温高压下反应才具有工业价值。工业上常用的加氢转化催化剂以 Al_2O_3 为载体负载 CoO 和 MoO_3，称为钴钼催化剂，使用时用 H_2S 等硫化物将其硫化成 Co_9S_8 和 MoS_2 才有催化活性，该催化剂的反应条件为 320～400℃、3.0～4.0MPa。钴钼催化剂催化有机硫生成硫化氢后，再通入氧化锌脱硫槽，可实现硫化物的精脱效果。

5.3.1.1.2　干法脱硫的特点

干法脱硫主要通过化学反应脱除硫化物，具有脱硫效率高、操作简单、设备少和工艺流程短等优势，但是由于化学脱硫难以再生，操作间歇且固体脱硫剂影响传质、压降阻力大，因此干法脱硫一般只适用于脱除低硫样品。干法脱硫需要两套操作装置保持一开一备。图 5-7 为广西某大型合成氨厂氧化锌脱硫槽现场图。

5.3.1.2　湿法脱硫

5.3.1.2.1　湿法脱硫的方法

湿法脱硫以液体作为脱硫剂，用于处理含硫量高、处理量大的气体，按照脱硫机理不同分为化学吸附法、物理吸收法、物理-化学吸收法、湿法氧化法四种方式。

（1）化学吸附法

化学吸附法是常用的湿法脱硫工艺，该方法利用脱硫剂的弱碱性与酸性气体硫化氢反

图 5-7　广西某大型合成氨厂
氧化锌脱硫槽现场图

应吸收 H_2S，再利用该反应的可逆性在升温和降压时将脱硫剂中的 H_2S 释放出来，从而实现脱硫剂的循环使用。常用的化学吸附法脱硫工艺包括一乙醇胺（MEA）法、二乙醇胺（DEA）法、二甘醇胺（DGA）法等。该类反应一般都在低温下（$20\sim40℃$）进行 H_2S 吸收，吸收后的脱硫剂被称为富液；在高温（$105℃$）和减压下脱除脱硫剂中的 H_2S，脱除 H_2S 后的脱硫剂被称为贫液。同时，COS 和 CS_2 会与乙醇胺反应导致乙醇胺无法循环利用，所以在应用该法脱硫时一般都通过催化水解和加氢的方式将 COS 和 CS_2 转化为 H_2S 后再进行脱硫反应。此外氧气也会引起乙醇胺的降解，所以该方法不能应用于含氧气体的脱硫。

（2）物理吸收法

物理吸收法利用有机溶剂在一定压力和温度下对硫化物具有显著吸收效果特性进行脱硫，该方法的有机溶剂通过加压和降温吸收硫化物，再通过减压和升温释放出硫化物气体，有机溶剂得以再生，可循环使用。常用的有冷甲醇法、碳酸丙烯酯法等。冷甲醇法可同时或分段脱除 H_2S、CO_2 和各类有机硫，还可脱除 HCN、C_2H_2、C_3 及 C_3 以上的气态烃和水蒸气等，而且还对合成气中的 H_2、CO 和 N_2 等气体的溶解度很小，现在常用于以煤或重烃为原料制造合成气的气体净化过程。甲醇吸收硫化物和二氧化碳的温度为 $-40\sim54℃$，压力为 $5.3\sim5.4MPa$，吸收后甲醇经减压放出 H_2S 和 CO_2，再生甲醇经加压再循环使用。

（3）物理-化学吸收法

物理-化学吸收法将物理吸收和化学吸附两种方法结合起来，脱硫效果较好，如环丁砜-烷基醇胺法（前者对硫化物是物理吸收，后者是化学吸附）。

（4）湿法氧化法

湿法氧化法利用含有催化剂的碱性溶液吸收 H_2S，以催化剂作为载氧体，将 H_2S 氧化成单质硫，而催化剂本身被还原变成还原态催化剂，再生时通入空气将还原态催化剂氧化复原。

下面以湿法氧化法中最常用的蒽醌法（ADA 法）为例。

ADA 法以 Na_2CO_3 作为脱硫剂，蒽醌二磺酸钠（ADA）为催化剂，偏钒酸钠作为氧载体，其脱硫过程包含脱硫（脱硫吸收塔）和再生（氧化再生槽）两个部分。

脱硫吸收塔中的主要反应如式(5-22)～式(5-24) 所示。

$$Na_2CO_3+H_2S \Longleftrightarrow NaHS+NaHCO_3 \tag{5-22}$$

$$2NaHS+4NaVO_3+H_2O \Longleftrightarrow Na_2V_4O_9+4NaOH+2S \tag{5-23}$$

$$Na_2V_4O_9+2ADA(氧化态)+2NaOH+H_2O \Longleftrightarrow 4NaVO_3+2ADA(还原态) \tag{5-24}$$

氧化再生槽中的主要反应如式(5-25) 所示。

$$2ADA(还原态)+O_2 \Longleftrightarrow 2ADA(氧化态)+H_2O \tag{5-25}$$

5.3.1.2.2 湿法脱硫的特点

湿法脱硫主要通过液体脱硫剂脱除硫化物，脱硫和再生在两个不同设备中进行，因而具有便于运输和循环操作等优势，而且对进口硫的要求不太高，还能副产硫黄。湿法脱硫常用碱性脱硫剂，所以以脱除硫化氢为主，运转设备多、生产能耗高，碱性脱硫剂不但会腐蚀设备，而且由于与酸性含硫气体可逆平衡的存在，净化率偏低。

5.3.1.3 硫化氢的回收

在干法和湿法脱硫去除 H_2S 的过程中，除了部分脱硫方法能将硫化物直接反应转化外，大部分工艺利用吸附剂吸附回收 H_2S，而吸收剂再生后释放的大量 H_2S 也会造成环境污染和硫资源的浪费问题，应当予以回收。目前，工业上已成熟的处理技术是克劳斯工艺，该工艺是硫回收工业的标准工艺流程，也是目前应用最为广泛的硫回收工艺之一。克劳斯工艺的基本反应原理是在燃烧炉内将 1/3 的 H_2S 与 O_2 反应生成 SO_2（反应温度为 $1200 \sim 1250℃$），然后将剩余 2/3 的 H_2S 与生成的 SO_2 在催化剂（氧化铝为主）的作用下发生克劳斯反应（$200 \sim 250℃$，$0.1 \sim 0.2MPa$）生成单质硫。克劳斯工艺回收硫的纯度可达到 99.8%，可作为生产硫酸的一种硫资源，也可作其他部门的化工原料。克劳斯工艺的反应方程式如式(5-26)、式(5-27)所示。

$$H_2S + \frac{3}{2}O_2 \Longleftrightarrow SO_2 + H_2O \tag{5-26}$$

$$2H_2S + SO_2 \Longleftrightarrow 3S + 2H_2O \tag{5-27}$$

5.3.2 一氧化碳的变换

在化石燃料制合成气的过程中，主反应是强吸热反应，导致 CO 转化为 CO_2 的转化率不高，使得制气后合成气中的 CO 含量较高，如煤法制合成气中 CO 浓度达到 28% ～ 30%，天然气水蒸气法制合成气中 CO 浓度达到 12% ～ 13%。在后续的氨合成过程中，铁系催化剂会与 CO 反应导致催化剂失活，因此必须将 CO 去除。

5.3.2.1 变换反应原理

（1）CO 变换反应的化学平衡（水热法）

CO 变换反应的反应式如式（5-28）所示。

$$CO + H_2O(g) \Longleftrightarrow CO_2 + H_2 \quad \Delta H_{298}^{\ominus} = -41.2kJ/mol \tag{5-28}$$

该反应为可逆反应，因而存在化学反应平衡和转化率的问题。从反应式可知，该反应为放热、等体积反应，因此低温有利于 CO 反应转化率的提升，反应压力无影响。而且，反应物 H_2O 与 CO 的高水碳比也有利于反应平衡向右移动，从而可以提高 CO 转化率，这也是工业上常用的工艺调控方法。

CO 变化反应还存在一系列副反应，析碳过程如式(5-29)、式(5-30)所示。

$$CO + H_2 \Longleftrightarrow C + H_2O \quad \Delta H_{298}^{\ominus} = -131.4kJ/mol \tag{5-29}$$

$$2CO \Longleftrightarrow C + CO_2 \quad \Delta H_{298}^{\ominus} = -172.5kJ/mol \tag{5-30}$$

甲烷化过程如式(5-31)、式(5-32)所示。

$$CO + 3H_2 \Longleftrightarrow CH_4 + H_2O \quad \Delta H_{298}^{\ominus} = -206kJ/mol \tag{5-31}$$

$$4H_2 + CO_2 \Longleftrightarrow CH_4 + 2H_2O \quad \Delta H_{298}^{\ominus} = -165kJ/mol \tag{5-32}$$

CO 变化反应的副反应同样为可逆反应，通过反应式的分析可以发现，高水碳比、低反应压力以及较低的 H_2 和 CO 浓度都能抑制副反应的发生，其中高水碳比的调控与 CO 主反应转化率提升工艺调控一致，低反应压力也不影响主反应的转化率，但是反应体系中高 H_2 和 CO 浓度是无法避免的，所以 CO 变化副反应的发生是无法避免的。

（2）变换反应催化剂

变换反应在无催化剂存在时的反应较慢，只有反应温度升到 750℃ 以上时才开始反应。而在此高温下，由于 CO 变换主反应为放热反应，平衡转化率已经非常低，因此必须采用催化剂将反应控制在不太高的温度下进行，从而实现在获得较高反应速率的同时能达到极高的转化率。目前工业上采用的 CO 变换反应催化剂主要有三大类。

① 铁铬系催化剂（Fe_2O_3＋Cr_2O_3＋K_2CO_3）。目前广泛使用的铁铬系催化剂其化学组成以 Fe_2O_3 为主，促进剂为 Cr_2O_3 和 K_2CO_3，反应时将 Fe_2O_3 转化为 Fe_3O_4 才有活性，其反应适宜温度为 300～530℃，属中、高温变换催化剂。反应后出口气残余 CO 含量能降低到 3%～4% 以下。

② 铜基催化剂（CuO＋ZnO＋Al_2O_3）。铜基催化剂的主要化学成分以 CuO 为主，ZnO 和 Al_2O_3 为促进剂和稳定剂，反应前需还原成活性细小铜单质晶粒才有活性。由于该催化剂容易在高温下烧结，铜晶粒失活，因此属于低温变换催化剂，其催化剂适宜温度为 180～260℃。而且由于铜晶粒单质反应活性高，对 CO 的转化率高，因此反应后出口气残余 CO 含量能降低到 0.2%～0.3% 以下。此外高活性也导致此催化剂对催化剂毒物敏感，所以对合成气中的硫化物和氯化物的浓度有严格限制（S 浓度＜0.1mg/m³，Cl 浓度＜0.01mg/m³），这也导致铜基催化剂多用于初始杂质浓度低的天然气蒸汽转化法。

③ 钴钼系耐硫催化剂（Co、Mo 氧化物负载在氧化铝上）。钴钼系耐硫催化剂的化学组成是钴和钼的氧化物，它们负载在氧化铝上，反应前需要将钴和钼氧化物转变成硫化物才有活性，因此合成气中必须含有硫化物。该催化剂的反应适宜温度为 160～500℃，属于宽温变换催化剂，其特点为耐硫抗毒、使用寿命长，但是价格高，多用于合成气中含有高含量硫化合物的重油、煤气化反应装置[7]。

5.3.2.2 变换反应动力学

（1）变换反应机理

目前关于 CO 变换反应机理解释的观点很多，其中较为被大家认可的有两种。一种观点认为 CO 与 H_2O 被分别吸附到催化剂表面上，两者在表面进行反应生成 CO_2 和 H_2，然后两个生成物从催化剂表面脱附，如图 5-8(a) 所示。另一个观点认为 CO 被催化剂活性位吸附后，与催化剂表面的晶格氧结合形成 CO_2 后脱附，然后 H_2O 被催化剂吸附解离，其中 H_2 被脱附而氧则补充到晶格中，这就是有晶格氧转移的氧化还原机理，如图 5-8(b) 所示。

（2）反应条件对变换反应的影响

① 反应压力的影响。CO 变换主反应为等体积反应，压力对变换反应的平衡没有影响，但加压可提高反应物分压，在 3.0MPa 以下反应速率与压力的平方根成正比，压力再高影响就不明显，但是高压也会促进 CO 变换副反应的发生。

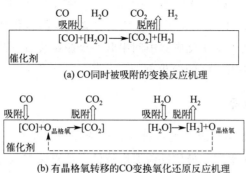

(a) CO同时被吸附的变换反应机理

(b) 有晶格氧转移的CO变换氧化还原反应机理

图 5-8　CO 变换反应机理

② 水碳比的影响。水碳比对 CO 变换主反应的影响规律与其对平衡转化率的影响相似，增加 H_2O 用量，有利于提高 CO 的转化率。在水碳比小于 4 时，提高水碳比可显著提高反应转化率，但当水碳比大于 4 后，转化率增加就不明显。而且适当提高水碳比用量还能抑制 CO 变换副反应的发生，因此工业上一般选用水碳比为 4 左右。

③ 反应温度的影响。CO 变换主反应为可逆放热反应，此类反应存在最佳反应温度（T_{op}）问题，变换反应的最佳反应温度表示见式(5-33)。

$$T_{op} = \frac{1914}{\lg\left\{\dfrac{E_2}{E_1} \times \dfrac{[y(H_2)+y(CO)X][y(CO_2)+y(CO)X]}{[y(CO)-y(CO)X][n-y(CO)X]}\right\}+1.782} \tag{5-33}$$

式中，$y(CO)$、$y(H_2)$、$y(CO_2)$ 分别为水煤气 CO、H_2、CO_2 的原始摩尔分数；n 为水蒸气与水煤气的物质的量之比；X 为 CO 的转化率；E_1、E_2 分别为正、逆反应的活化能，与催化剂种类及活性相关。

从式中可知，T_{op} 与气体原始组成、转化率及催化剂有关。当催化剂和原始组成一定时，T_{op} 随转化率的升高而降低。从反应速率与温度的关系图（图 5-9）可以看出，随反应速率增大存在最佳反应温度曲线，并且最佳反应温度升高其反应转化率也会降低。同时，通过转化率与温度关系图（图 5-10）也可以看出，若操作温度随着反应进程能沿着最佳温度曲线由高温向低温变化，则整个过程速率最快，即当催化剂用量一定时，沿着最佳反应温度曲线可在最短时间内达到高转化率，或者说沿着最佳反应温度曲线进行操作所需的催化剂用量最少。

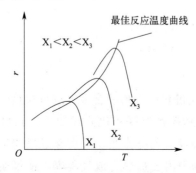

图 5-9　放热反应速率与温度的关系图

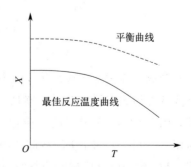

图 5-10　CO 转化率与温度的关系图

④ 反应产物 CO_2 的影响。CO_2 为变换反应的产物，如果能在反应过程中除去 CO_2 将有利于反应平衡向生成 H_2 的方向移动，从而提高 CO 的转化率，降低变换气中 CO 含量。在生产中，可以在两级变换反应器中间串联一个脱碳装置，降低二段反应器进口气的 CO_2 含量，从而可显著提升 CO 的转化率。

5.3.2.3 变换反应器类型

从图 5-10 的 CO 转化率与温度关系可知，变换反应的反应初期转化率低，最佳反应温度较高；反应后期转化率高，最佳反应温度较低。这意味着该类反应需要随着反应转化率的提高，不断降低反应体系的温度。这类反应为放热可逆反应，反应进行的同时进行放热，这为反应过程冷却降温提高了难度。在实际操作中，变换反应通过分段冷却来实施降温，但操作温度变化必须控制在催化剂活性温度范围内。

（1）中间间接冷却式多段绝热反应器

中间间接冷却式多段绝热反应器是间接换热反应器，在反应过程中不与外界存在热量交换，其换热方式是将反应后的热反应气在换热器中与冷却剂进行热交换，其二段反应器如图 5-11(a) 所示。该反应器的操作温度线与最佳反应温度曲线结合，所获得的实际操作温度变化曲线如图 5-11(b) 所示。从图中可以看出 EF 线为反应器第一段反应的操作线，F 点穿过最佳反应温度曲线。FG 是冷却线，为一段反应后的降温线，由于是间接换热，不存在反应转化，所以 FG 冷却线是一条平行直线。GH 线是反应器第二段反应的操作线，也称作最佳操作温度曲线。通过两段反应能在接近最佳反应温度曲线的条件下获得较高的速率并达到较高的转化率。而且，当反应段数增加，操作曲线会更加接近最佳反应温度，能获得更好的反应效果。但是，由于此类反应器反应分段较多、流程和设备比较复杂，工程上应用较少。

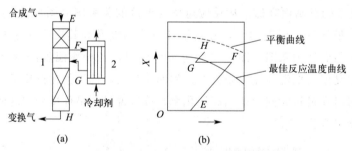

图 5-11 中间间接冷却式两段绝热反应器

1—反应器；2—热交换器；$EFGH$—操作温度线

（2）合成气冷激式多段绝热反应器

合成气冷激式多段绝热反应器是一类在多段反应过程中添加冷合成气进行换热降温的反应器，图 5-12(a) 为其二段反应器示意图，其实际操作温度变化曲线如图 5-12(b) 所示。从图 5-12(b) 可知，EF 线同样为反应器第一段反应的操作线，F 点穿过最佳反应温度曲线。FG 为一段反应后的冷却线，由于换热过程中需要加热合成气冷媒，使得换热过程中 CO 转化率不断下降，所以 FG 冷却线是一条斜向下的直线。同样，GH 线是反应器第二段反应的操作线。该类冷激式反应器结构简单，省去热交换器，合成气也有部分不需要预热，节省能耗，在工业上已有大量应用。

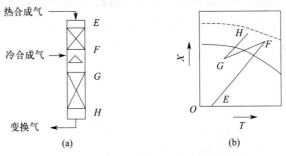

图 5-12　合成气冷激式两段绝热反应器

EFGH—操作温度线

（3）水冷激式多段绝热反应器

在变换反应中需要大量的水蒸气参与反应，由于水的比热容大，具有比合成气更好的降温效果，所以在生产中还会采用水代替合成气进行冷激式换热。同时，水的加入会提高水碳比从而促进主反应的正向进行，因此更利于转化率的提高。图 5-13 分别为该类二段反应器的示意图和实际操作温度变化曲线。其中，由于是采用冷却水对一段反应后的气体进行冷却，冷却过程中不存在转化率降低问题，所以该类反应器的 FG 冷却线是平行直线。

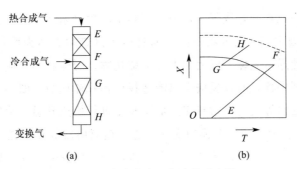

图 5-13　水冷激式两段绝热反应器

EFGH—操作温度线

5.3.2.4　CO 变换工艺流程

CO 变换流程较多，包括常压、加压，两段中温变换、三段中温变换、中-低变串联等。具体采用什么样的变换方式，由合成气的生产方法、水煤气中 CO 含量和残余 CO 含量的要求决定。

（1）CO 中-低变串联流程

当以天然气或石脑油制合成气时，由于原料中氢原子含量高，所以合成气中 CO 含量只有 10％～13％，只需要采用一段中变和一段低变换串联流程，就可将反应后 CO 含量降到 0.3％以下。图 5-14 为该流程示意图。首先，造气后生成的高温变换气通过废热锅炉传递热量，降温后的变换气再与水蒸气混合（水碳比为 3.5，温度为 370℃），进入含铁铬系催化剂的中变换炉 2，反应放热，出口温度升到 430℃，此时 CO 含量≥3%。然后，将中变换炉 2 的出口气通过中变废热锅炉 3 和热交换器 4 进行降温，降温后的转换气进入含铜基催化剂的低变换炉 5 进行变换，升温后出口温度为 240~250℃，此时 CO 含量＜0.3%，达到 CO 变换工艺要求。

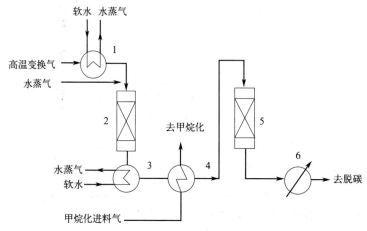

图 5-14　CO 中-低变串联流程

1—变换气废热锅炉；2—中变换炉；3—中变废热锅炉；4—热交换器；5—低变换炉；6—热交换器

（2）CO 三段中温变换

当以煤和渣油为原料制合成气时，由于原料中碳含量超高，所以合成气中 CO 含量能达到 40% 以上，需要采用三段变换反应。而且由于以煤和渣油为原料制备的合成气中含有大量硫化物，即使通过脱硫工段去除大部分硫化物，脱硫后的合成气中依然含有微量硫化物，会导致催化剂中毒，所以反应中只能选择钴钼系催化剂。图 5-15 为该流程示意图。来自煤和渣油原料的水煤气先经过热交换器 1 和 2 进行换热升温，然后进入装有钴钼系催化剂的变换反应器 3。经过一段变换的变换气进入热交换器 2 和 4 进行换热降温，然后进入二段变换，反应升温后进入换热器 1 降温，再进入三段变换。反应后的变换气进入热交

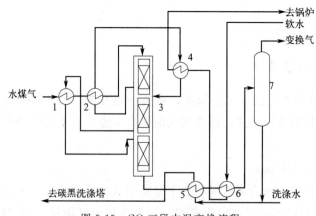

图 5-15　CO 三段中温变换流程

1，2，4，5，6—换热器；3—变换反应器；7—冷凝水分离器

换器 5 和 6 进行降温，在经过冷凝水分离器分离液态水后，再进入脱碳工段。图 5-16 为广西某大型合成氨厂变换工段换热设备现场图。

图 5-16 广西某大型合成氨厂变换工段换热设备现场图

5.3.3 合成气中二氧化碳的脱除

CO 变换反应后，合成气中就含有大量的 CO_2，其含量占 $16\%\sim30\%$。由于 CO_2 含有氧原子会和合成氨催化剂单质 Fe 反应生成铁氧化物，因此 CO_2 成为合成氨催化剂毒物。CO_2 在合成气中较高的占比也会稀释合成气，降低 H_2、N_2 的分压，而且 CO_2 在系统中会与铜氨洗液或者与含氨的循环气接触形成碳酸氢铵从而堵塞管道。同时，CO_2 也是合成尿素、纯碱和干冰的原料。因此，在合成气中必须去除 CO_2，并加以利用。

目前工业上去除 CO_2 的方法有很多，一般多采用溶剂吸收剂来吸收二氧化碳，根据吸附机理不同可分为化学吸收法和物理吸收法。此外，近年来还出现了变压吸附法和膜分离法等新型吸附方法用于吸附二氧化碳。

（1）化学吸收法

化学吸收法主要利用 CO_2 的弱酸性，通过碱性溶液与 CO_2 之间的可逆反应吸收 CO_2，早期常使用的 CO_2 化学吸收法包括乙醇胺（MEA）法、浓氨水法等。目前最常用的化学吸收法是改良的热钾碱法，其主要反应式见式（5-34）。热钾碱法是在碳酸钾溶液中加入少量活化剂，以活化剂作为催化剂加快 CO_2 的吸收和解吸速率。在吸收过程中，碳酸钾与 CO_2 反应生成碳酸氢钾，解吸阶段碳酸氢钾受热分解析出 CO_2，解吸后剩余溶液中的碳酸钾循环进入吸收工段使用，具体操作过程见图 5-17。

$$K_2CO_3+CO_2+H_2O \underset{\text{高温/解吸}}{\overset{\text{低温/吸收}}{\rightleftharpoons}} 2KHCO_3 \qquad (5-34)$$

（2）物理吸收法

物理吸收法是利用在不同压力和温度下 CO_2 在水或有机溶剂中的溶解度不同来吸收 CO_2 的。具体来说，在加压和较低温度下吸收 CO_2，在减压和升温的条件下脱附 CO_2 再生，目前常用的方法有冷甲醇洗涤法、聚乙醇二甲醚法、碳酸丙烯酯法等，这里只对工业

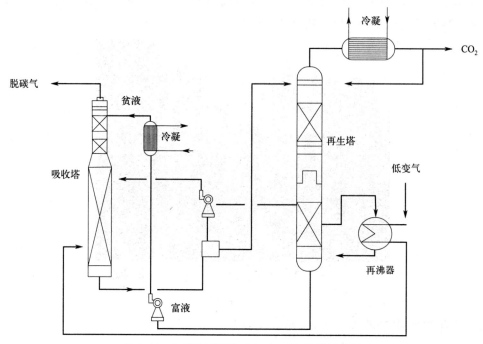

图 5-17　化学吸附脱除 CO_2 的工业装置示意图

上最常用的冷甲醇法进行介绍。

冷甲醇法是以低温工业甲醇（$-54℃$）为吸附剂，利用 CO_2 在低温甲醇中的溶解度高，而 CH_4、CO、N_2 和 H_2 等合成气中的主要气体在低温甲醇中的溶解度较低的特性，进行合成气中 CO_2 的有效吸收和再生（图 5-18）。目前，冷甲醇法常用于以煤、重油或渣油为原料制造合成气的气体净化过程。

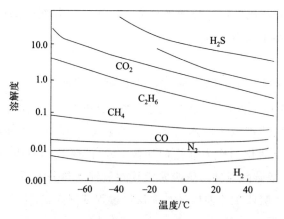

图 5-18　各种气体在甲醇中的溶解度

（3）变压吸附法

变压吸附法利用固体吸附剂在加压条件下吸附 CO_2 使气体得到净化，吸附剂再生时通过减压脱附析出 CO_2，该过程一般在常温下进行，能耗小、操作简便、无环境污染。同时，变压吸附法除了分离 CO_2 外，还可用于分离纯化 N_2、H_2、CH_4、CO、C_2H_4 等气体。我国自行研制的变压吸附装置、规模和技术均达到国际领先水平。图 5-19 为广西某大型合成氨厂 CO_2 变压吸附装置现场图。

图 5-19　广西某大型合成氨厂 CO_2 变压吸附装置现场图

（4）生成产品法

生成产品法将脱碳与 CO_2 再利用相结合，该法已推广应用到联产碳铵法和联产纯碱法中。联产碳铵法是将合成获得的氨气制成浓氨水，然后吸收原料气中的 CO_2，并制成产品碳酸氢铵，即在合成氨原料气 CO_2 脱出过程中，直接制得碳酸氢铵肥料产品。联产纯碱法利用氨盐水进行碳化而获得碳酸氢钠结晶，经煅烧后获得纯碱。

5.4　氨的合成

5.4.1　氨合成的基本反应原理

氨合成的化学反应式如式(5-35) 所示。

$$3H_2 + N_2 \Longleftrightarrow 2NH_3 \quad \Delta H_{659}^{\ominus} = -111.2 kJ/mol \qquad (5\text{-}35)$$

从反应式(5-35) 可知，该反应是可逆放热反应，并且反应后体积减小，这意味该反应存在转化率的问题，可通过反应过程降温和提高反应压力等方式提高反应转化率。同时在氨合成反应过程中，还会有不参与反应的惰性气体存在，为提高反应转化率，氨合成反应采用循环操作，因此惰性气体会在合成气中积累从而降低 H_2、N_2 的有效分压，降低平衡氨含量。

5.4.2　氨合成催化剂

5.4.2.1　催化剂组成

氨合成催化剂是以铁为主的催化剂（铁系催化剂），具有催化活性高、寿命长、活性温度范围大、价廉易得的特点。现在所用的氨合成催化剂都是以磁铁矿与适量促进剂混合制备合成的，而且催化剂中 Fe^{2+}/Fe^{3+} 的原子比接近 0.5。目前，改进氨合成催化剂的研究重点主要集中在通过助催化剂组成和比例的调变来改善催化剂性能上。

在氨合成催化剂使用时，其活性成分主要是 α 型金属铁而不是磁铁矿，因此在反应前需要用合成气对催化剂进行还原，反应停止后需要对催化剂进行钝化。

目前氨合成催化剂的促进剂主要有 K_2O、CaO、Al_2O_3 和 MgO 等，其中 K_2O 的加入可降低催化剂的金属电子逸出功，从而促进氮的吸附活性；CaO 起助熔剂的作用；Al_2O_3 在催化剂中能起到保持原结构骨架的作用，从而防止活性铁的微晶长大，增加了催化剂的表面积，提高活性；MgO 除具有与 Al_2O_3 相同作用外，其主要作用是抗硫化物中毒，从而延长催化剂的使用寿命[8]。

5.4.2.2 催化剂毒物

氨合成催化剂的毒物分两大类。一类是暂时性毒物，主要是氧气以及含氧化合物 CO、CO_2 和 H_2O 等，这类毒物能将单质铁氧化为铁氧化物，从而使催化剂暂时失活，可通过氢气还原的方法使催化剂再生；第二类是永久性毒物，主要是硫、氯、磷、砷及其化合物，这类毒物会与单质铁发生不可逆反应，从而使催化剂永久性失活。

5.4.3 氨合成反应的动力学

5.4.3.1 扩散动力学过程

氨合成为气固相催化反应，动力学过程如图 5-20 所示，可分为以下几个步骤：

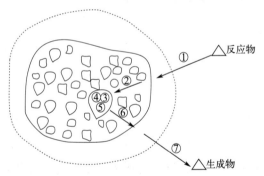

图 5-20 氨合成反应扩散动力学示意图
A—反应物；B—生成物

① N_2、H_2 从气流主体扩散到催化剂颗粒的外表面，简称催化剂表面外扩散；

② 反应物从外表面向催化剂的孔道内部扩散，简称孔道内扩散；

③ 反应物被催化剂吸附，简称吸附；

④ 在催化剂内部孔道所组成的内表面上进行催化反应，简称化学反应；

⑤ 产物从催化剂表面脱附，简称脱附；

⑥ 产物从催化剂内表面扩散到外表面，简称表面内扩散；

⑦ 产物从外表面扩散到气流主体，简称气流主体外扩散。

5.4.3.2 氨合成反应控速步骤分析

N_2、H_2 在催化剂表面的反应是两种气体被催化剂表面吸附，并逐步反应生成 NH_3 后再脱附的过程，其具体如式(5-36)～式(5-41) 所示。

$$N_2(g) + \text{cat.} \Longleftrightarrow 2N(\text{cat.}) \qquad (5-36)$$

$$H_2(g) + \text{cat.} \Longleftrightarrow 2H(\text{cat.}) \qquad (5-37)$$

$$N(\text{Cate}) + H(\text{cat.}) \Longleftrightarrow NH(\text{cat.}) \qquad (5-38)$$

$$NH(g) + H(\text{cat.}) \Longleftrightarrow NH_2(\text{cat.}) \qquad (5-39)$$

$$NH_2(Cate) + H(cat.) \Longrightarrow NH_3(cat.) \qquad (5-40)$$

$$NH_3(Cate) \Longrightarrow NH_3(g) + (cat.) \qquad (5-41)$$

对于氨合成气固催化反应，其控速步骤可分为外扩散控制、内扩散控制和表面反应控制3种，其中由于在工业反应器内的气流速率足以保证气流与催化剂颗粒表面传递效率，外传递阻力极小，所以外扩散控制是可忽略的，因此对于氨合成气-固催化反应来说，其控速步骤主要为表面反应控制和内扩散控制，而具体是哪种控制方式主要由实际操作条件决定。比如，在氨合成过程中，当催化剂为大颗粒时，内扩散路径长导致内扩散速率降低，此时反应可能是内扩散控制；相反，当为小颗粒催化剂时，反应可能是化学动力学控制。

5.4.4　氨合成工艺条件的选择

氨合成工艺参数的选择除了考虑平衡氨含量外，还要综合考虑反应速率、催化剂特性及系统的生产能力、原料和能量消耗等。

5.4.4.1　合成压力

提高压力利于提高氨的平衡浓度，也利于总反应速率的增加。高压法动力消耗大，对设备材料和加工制造要求高。因此，氨合成工业都在设法降低操作压力。此外为了保证具有较高的氨平衡浓度，在降低压力的同时也要求催化剂依然保持较高的反应活性。目前，工业上合成氨主要有2种方法：中压法，20～35MPa，470～550℃；低压法，8～15MPa，350～430℃。

5.4.4.2　合成温度

氨合成的最佳反应温度会随压力的下降而降低。在实际操作中对于新加入的催化剂，反应温度可以适当降低，而对于已长时间使用的催化剂，其反应活性已下降，其反应温度要相对较高。同时，由于氨合成反应也是一个放热反应，也存在最佳反应温度曲线问题，操作时最好能将操作温度沿最佳反应温度曲线进行，因此氨合成反应也通过分段进行，例如大型合成氨厂就采用冷激式反应器将催化剂床分成数段，段与段之间用冷合成气和反应器混合以降低反应器温度。

5.4.4.3　空间速度

空间速度（简称空速）是指合成气在催化剂床层的停留时间的倒数。空速增加，生产强度提高，即单位时间单位体积催化剂的产氨量提高。空速过大，催化剂与反应气体接触反应时间太短，转化率会减小并导致出塔气中氨含量降低。实际生产不可能无限增加空速，空速大系统阻力大，功耗增大。一般空速值如下：30MPa，20000～30000/h；15MPa，10000/h。

5.4.4.4　反应氢氮比

动力学指出，氮的活性吸附是控制阶段，适当增加原料气中的氮含量利于提高反应速率。由于氨合成的操作压力较大，气体会偏离理想气体状态，为达到高出口氨浓度和生产稳定的目的，在氨合成过程中的氢氮比会小于 3，约在 2.68～2.90 之间最为合适，对于新鲜原料气，其氢氮比取 3∶1。

5.4.4.5 惰性气体含量

惰性气体在新鲜原料气中一般很低，只是在循环过程中逐渐积累增多，使平衡氨含量下降、反应速率降低。生产中采取放掉一部分循环气的办法，放掉的气体称为弛放气。理论上，惰性气体越少越好，但实际上要确定一个合理的惰性气体含量，还需大量计算。若以增产为主要目标，惰气含量约为 10％～14％；若以降低原料成本为主要目标，惰气含量约为 16％～20％。

5.4.4.6 催化剂粒径

采用小颗粒催化剂可提高内表面利用率。但颗粒过小，压力降增大，且小颗粒催化剂易中毒而失活。因此，要根据实际情况在兼顾其他工艺参数的情况下，综合考虑选择催化剂粒度。催化剂的粒径必须优化，优化过程涉及的因素很多且难以定量描述，所以优化条件只能通过实验来确定。在反应初期，催化剂粒径小，在反应后期催化剂粒径大。大中型合成塔采用的催化剂粒径约为 6～13mm，小型的合成塔采用 2.2～3.3mm 的不规则颗粒状催化剂。

5.4.5 氨合成塔

5.4.5.1 氨合成塔的基本组成

氨合成塔是氨合成的关键设备，由于氨合成过程在高温（400～520℃）和高压（15～30MPa）下进行，如何通过反应器的设计实现氨合成塔能同时耐受高温和高压，并能有效提升氨合成转化率是设计的重点。目前常规的氨合成塔都分为内件和外筒两部分。

（1）外筒

外筒即氨合成塔的外壳，进入合成塔的气体经过内件和外筒之间的环隙，由于内件外面设有保温层，减少向外筒的散热，因此外筒只承受高压而不承受高温，可用普通低合金钢或优质碳钢制造外筒。

（2）内件

内件是氨合成塔内部构造的主要部件，包含热交换器、分气盒和催化剂筐等 3 部分。热交换器用于进入气体与反应后气体换热；分气盒起分气和集气作用；催化剂筐内放置催化剂、冷却管、电热器和测温仪器等。塔内件在高温下操作，但只承受环隙气流与内件的压力差（1～2MPa），可用耐热的镍铬合金制作。

5.4.5.2 氨合成塔的种类

按照合成时换热方式的不同，合成塔分连续换热式、多段间接换热式和多段冷激式 3 种。目前常用连续换热式（冷管式）和多段冷激式（冷激式）。

（1）冷管式氨合成塔

冷管式氨合成塔在催化剂床层中设置冷管，利用在冷管中流动的未反应的气体移出反应热，使反应比较接近最佳温度线进行。冷管式氨合成塔的内件由催化剂筐、分气盒、热交换器和电加热器组成，催化剂床层内置热交换器会导致反应气的传质效果较差并带来较大压降，目前工业上已经较少使用。

（2）冷激式氨合成塔

目前大型氨厂多用冷激式氨合成塔，并可分为轴向冷激式和径向冷激式 2 种。冷激式合成塔主要优点：用冷激气调节反应温度，结构简单、催化剂分布和温度分布均匀、控温调温方便、床层通气面大阻力小。

① 径向冷激式合成塔。径向冷激式合成塔的介绍以托普索公司的径向合成塔为例（图 5-21），本合成塔气体流向是沿径向从塔顶接口进入，向下流经内件和外筒之间的环隙，再进入热交换器的管间。本合成塔的气体主线流向是沿径向从塔顶接口进入，向下流经内外筒之间的环隙，再进入换热器的管间。冷副线由塔底封头接口进入，与气体主线混合后沿中心管进入第一段催化剂床层，气体沿径向呈辐射状流经催化剂层后进入环形通道，在此与塔顶接口来的冷激气混合，再进入第二段催化剂床层，从外面沿径向向内流动，最后由中心管外面的环形通道下流，经换热器管内从塔底接口流入塔外。

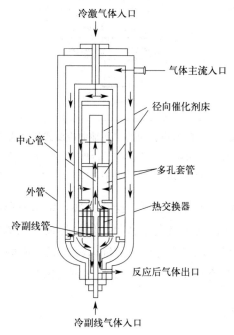

图 5-21 托普索公司的径向合成塔

该合成塔的优点是气体通过床层的路径短，通气面积更大，阻力更小；可适度减少催化剂颗粒大小，提高内表面积，减少内扩散影响；催化剂颗粒分布均匀，降低能耗，更适宜于离心式压缩机（大型合成氨厂）。其缺点是难以保证气体均匀流经催化层，容易导致短路发生。

② 轴向冷激式合成塔。轴向冷激式合成塔的介绍以凯洛格公司的多层轴向冷激氨合

成塔为例（图 5-22）。该塔外筒像热水瓶胆，在缩口部位密封以解决大塔径密封困难的问题；内件包含四层催化剂、层间气体混合装置以及列管式换热器。合成气体由塔底封头接管 1 进入塔内，向上流经内件和外筒的环隙以冷却外筒。气体穿过催化剂筐 10 缩口分别向上流经换热器 11 与上筒体 12 的环形空间，折流向下穿过换热器 11 的管间，被加热到 400℃左右进入第一层催化剂，经反应后温度升到 500℃左右。在第一、第二层催化剂间的反应气与来自冷机气接管 5 的冷激气混合降温，然后进入第二层催化剂。以此类推，最后气体由第四层催化剂底部排出，折流向上穿过中心管 9 和换热器 11 的管内，换热后经波纹连接管 13 流出塔外。

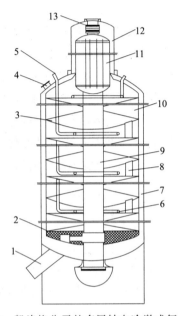

图 5-22　凯洛格公司的多层轴向冷激式氨合成塔

1—塔底封头接管；2—氧化铅球；3—筛板；4—人孔；5—冷机气接管；6—冷激管；7—下筒体；8—卸料管；
9—中心管；10—催化剂筐；11—换热器；12—上筒体；13—波纹连接管

该塔的优点是用冷凝器调节反应温度，操作方便，结构简单；筒体上设有人孔，装卸催化剂方便。其缺点是瓶式结构虽有利于密封，但是焊接合成塔封头前必须安装内件，导致合成塔在出厂前总重较高。以日产 1000t 的轴向冷激式合成塔为例，安装内件后合成塔的总重就达到 300t，这导致合成塔的运输、安装均较为困难[9]。

5.4.6　氨合成工艺流程

目前，氨合成的工艺流程有很多，这里以广西某大型合成氨厂的氨合成工艺为例（图 5-23），介绍氨合成的生产工艺流程。通过循环机将新鲜原料气和循环气混合，再通过塔前滤油器去除缩环机机油后制成合成气（40℃，30MPa）。经冷凝塔和氨冷器冷却冷凝（温度为 −1～0℃），合成气中大部分氨被冷凝下来。冷凝后的合成气（30℃）进入氨合成塔，该塔为径向合成塔，用冷激和层间的间接换热方式控制反应温度（降温到 310℃）。出塔气体进入废热锅炉（降温到 216℃），冷合成气与出塔气体热交换（降温到 110℃），然后经水冷器逐步冷却至 $30\sim40℃$ ，此时出塔气中的氨被冷却冷凝，最后在氨分离器中分出液氨。分离后的出塔气大部分作循环气，少量作为弛放气排出系统。

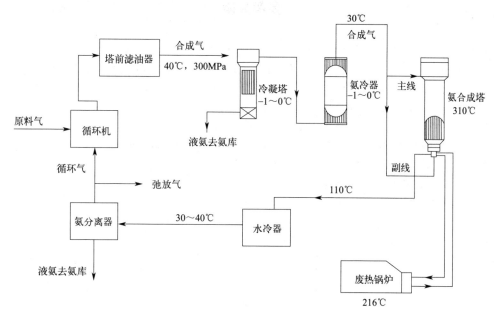

图 5-23　广西某大型合成氨厂的氨合成工艺

5.4.7　氨合成技术发展的趋势

合成氨工业自诞生以来，先后经历了 1901 到 1918 年的发明阶段、1919 到 1945 年的推广阶段、1946 到 1960 年的原料结构变迁阶段、1960 至 1973 年的大型化阶段和 1973 年至今的节能降耗阶段。氨合成技术将结合今后的资源储备情况和社会发展情况，沿着低能耗、高效率、零排放的路线发展，使氨合成的经济性、营利性和环境友好性更加和谐统一。

5.4.7.1　装置改进

单系统的合成氨生产能力已达到 $4000\sim5000t/d$ ，以天然气为原料的制氨工艺的吨氨能耗已经接近理论水平，但以油、煤为原料的制氨工艺，还能继续降低能耗，具有深度开发的潜力。

5.4.7.2　原料结构调整

以油改汽和以油改煤为核心的原料结构调整和以多联产和再加工为核心的产品结构调整，是合成氨装置改善经济性、增强竞争力的有效途径。

5.4.7.3　延长运行周期

提高产品运转的可靠性、延长运行周期是未来合成氨装置改善经济性、提高竞争力的必要保证，有利于提高装置生产运转率，并延长运行周期，包括工艺优化技术、先进控制技术等将会越来越受到重视。

参考文献

[1] 孔祥智. 中国农村 [M]. 北京：中国人民大学出版社，2021.

[2] 张福锁，黄成东，张卫锋. 科学认识化肥：粮食的"粮食" [M]. 北京：中国农业大学出版社，2021.

[3] 朱志庆. 化工工艺学 [M]. 2版. 北京：化学工业出版社，2017.

[4] 刘晓林，刘伟. 化工工艺学 [M]. 北京：化学工业出版社，2015.

[5] 陈五平. 无机化工工艺学（上）[M]. 北京：化学工业出版社，2002.

[6] 徐绍平，殷德宏，仲剑初. 化工工艺学 [M]. 大连：大连理工大学出版社，2004.

[7] 程桂花，张志华. 合成氨 [M]. 2版. 北京：化学工业出版社，2016.

[8] 张子锋. 合成氨生产技术 [M]. 2版. 北京：化学工业出版社，2011.

[9] 王壮坤. 煤气化生产技术 [M]. 北京：化学工业出版社，2016.